El Hábito del Coraje

Kate Swoboda

El Hábito del Coraje

Cómo aceptar tus miedos,
liberar el pasado
y vivir tu vida con valentía

EDICIONES OBELISCO

Si este libro le ha interesado y desea que le mantengamos informado
de nuestras publicaciones, escríbanos indicándonos qué temas son de su interés
(Astrología, Autoayuda, Ciencias Ocultas, Artes Marciales, Naturismo,
Espiritualidad, Tradición…) y gustosamente le complaceremos.

Puede consultar nuestro catálogo en www.edicionesobelisco.com

Colección Psicología
El Hábito del Coraje
Kate Swoboda

1.ª edición: marzo de 2019

Título original: *The Courage Habit*
Traducción: *Raquel Mosquera*
Corrección: *M.ª Jesús Rodríguez*
Diseño de cubierta: *Enrique Iborra*

© 2018, Kate Swoboda
(Reservados todos los derechos)
© 2019, Ediciones Obelisco, S. L.
(Reservados los derechos para la presente edición)

Edita: Ediciones Obelisco, S. L.
Collita, 23-25. Pol. Ind. Molí de la Bastida
08191 Rubí - Barcelona - España
Tel. 93 309 85 25 - Fax 93 309 85 23
E-mail: info@edicionesobelisco.com

ISBN: 978-84-9111-432-1
Depósito Legal: B-7.815-2019

Printed in Spain

Impreso en los talleres gráficos de Romanyà/Valls S. A.
Verdaguer, 1 - 08786 Capellades (Barcelona)

Prólogo

A lo largo de una vida larga y profunda, debemos encontrar nuestro coraje. Tendremos muchos momentos en que, como explica este hermoso libro, *sentiremos* nuestro miedo y aun así nos sumergiremos igualmente, sólo para emerger transformados. Uno de los acontecimientos que contribuyó más a la transformación de mi propia vida siguió este patrón a la perfección.

En 1998, cuando vi la primera factura de mi primer préstamo estudiantil, me aterroricé. La miré durante todo un minuto, parpadeando y estupefacta. ¿Cómo diablos podría pagar tanto dinero cada mes?

Acababa de completar mi máster en psicología somática y adoraba el modo en que este campo me permitía compartir mis dones. Pero el maravilloso programa de mi carrera no había traspasado el tabú del dinero ni me instruyó para convertir mi preparación en una profesión rentable. Como no respondía en absoluto al tipo de chica tradicional, sabía que no me sentiría cómoda en el mundo corporativo. Sin embargo, no tenía ni idea de qué otras opciones de carrera existían y mucho menos cómo podría ganar el dinero necesario para pagar el recibo mensual del préstamo estudiantil y disfrutar de un estilo de vida cómodo.

No sabía cómo solucionar ese problema y entré en pánico. Consideré seriamente hacer la maleta, abandonar el país y acabar mis días como un extravagante trotamundos huyendo de los bancos. Por fortuna, tomé otra decisión. Respiré profundamente, me calmé y sentí toda mi vergüenza y mi miedo. Necesitaba enfrentarme cara a cara con este dilema: ¿Cómo podía ejercer una carrera que adoraba, compartir mis dones y pagar mis facturas?

Al hacerme esta pregunta, no encontraba la respuesta. Únicamente confiaba en que podría crear algo nuevo, aunque todavía no pudiera ver qué era. Según define el coraje de forma tan hermosa Kate Swoboda, estaba «dispuesta a seguir un camino desconocido». El libro que sostienes en las manos me ha ayudado a comprender los momentos de coraje como ése de un modo más profundo y también me ha proporcionado las herramientas y la inspiración para escoger más momentos así.

El coraje puede ser épico y cambiar tu vida pero, asimismo, podemos recurrir a él en momentos sutiles. Cada vez que escogemos una pizca más de conciencia, honestidad o compasión, estamos siendo valientes. Sentirse vulnerable es ser valiente y, a veces, simplemente para preguntarnos qué queremos *en realidad* se necesitan agallas de superhéroe.

Entonces, ¿por qué en ocasiones tomamos decisiones valientes y en otras nos escabullimos (o salimos corriendo)? Kate tiene la explicación más poderosa posible: es cuestión de práctica. El coraje es un *hábito*, argumenta. Es un músculo que podemos fortalecer con cada pequeña o gran victoria. Eso quiere decir que cualquier persona con un poco de paciencia y orientación puede poner en práctica el Hábito del Coraje y mejorar cada vez más.

Sin embargo, debe ser un esfuerzo sutil. No podemos apenarnos por un cambio sostenible y el enfoque del «amor duro» simplemente no funciona para la curación emocional. Yo tuve que hacer acopio de toda la delicadeza que pude mientras tomaba mi «camino desconocido» tras esa encrucijada debida a mi deuda estudiantil. Lidiar con el dinero y mi carrera me llevó a realizar un profundo trabajo interior en relación a mi valía, mis capacidades y mi seguridad. Paso a paso, encontré mi propio estilo de emprendimiento creativo y empecé a aplicar mis dones y mi preparación para guiar a los demás en su propio viaje con el dinero y mucho más.

Hoy en día, en mi trabajo como consejera financiera, siento la gran satisfacción de ser testigo de cómo los miembros de mi comunidad toman decisiones valientes cada día. Les aplaudo por reunir el coraje para echar un vistazo a sus puntuaciones de crédito (cuando éstas les asustan enormemente) y les motivo a hacer una minifiesta cuando tienen esa dura conversación sobre el dinero con sus respectivas parejas. Les recuerdo una y otra vez lo *valientes* que son por cambiar viejos patrones, tomar nuevas decisiones valientes y hacerlo con amor y entusiasmo.

Viajes heroicos como éstos (y como el que estás haciendo tú ahora, querido lector) requieren algo más que lógica y un plan de acción. La transformación profunda y significativa precisa racionalidad e inteligencia emocional; corazón *y* agallas. Éstos son justamente los elementos que encontrarás en este libro.

Si necesitaste coraje incluso para escoger este libro, ten valor. Kate no te va a señalar con un dedo acusativo ni te va a instar a superar el miedo mediante la pura fuerza de voluntad. En lugar de eso, te tranquilizará: el miedo es una experiencia universal y no un motivo para avergonzarte (¡fiu!). Te ayudará a conseguir lo improbable y milagroso: hacerte *amigo* del miedo. Además, te convencerá para que honres esa voz de esperanza que se halla en tu interior, suave y vulnerable, actuando con coraje para crear la vida que realmente deseas llevar.

Estas páginas rebosan inspiración, estrategias útiles y mucha calidez, no forman un montón de banalidades emocionales superficiales. Es una obra inminentemente práctica y toda ella puro corazón, al igual que Kate.

Estoy muy contenta de que ahora tengamos el hermoso libro de Kate para guiarnos a lo largo de todos los pequeños y grandes momentos en nuestras vidas que requieren iniciativa y determinación. Que todos expandamos nuestros límites con delicadez y conciencia. Que la conciencia afectuosa sea nuestro refugio y nuestra guía.

Que todos nos tomemos en serio el mensaje de este libro y dejemos que nos inspire para vivir una existencia más plena, rica y auténtica tomando una decisión valiente tras otra.

BARI TESSLER,
consejera financiera y autora de *The Art of Money*
www.BariTessler.com

Introducción

Esto es lo que pasa el día en que oficialmente decides que tienes que cambiar tu vida: ni siquiera lo ves venir. Ese día llegó para mí una mañana normal y fría de diciembre en San Francisco que comenzó como cualquier otra. Me levanté odiando el sonido de mi despertador. Me vestí, odiando la sensación de rigidez de la camisa abotonada y del traje entallado. Me metí en el coche, odiando el trayecto que tenía por delante. Sólo había una cosa que esperaba con ansia: tan pronto como terminara mi día de trabajo y hubiera asistido a una reunión cruelmente programada para la última hora del último día antes de las vacaciones de Navidad, podría irme a casa y no pensar en el trabajo durante dos semanas.

Esa misma tarde, sentada en la sala donde se llevaba a cabo la reunión mientras dos de mis compañeros debatían si deberíamos pasar parte de nuestras vacaciones de Navidad trazando planes para un nuevo proyecto, mi mente deambuló y ahí fue donde la verdad se impuso: «No quiero hacer esto más».

Siempre he sido una persona que prefiere el pragmatismo antes que el drama. He tenido muy pocos momentos que podría calificar como «impactantes», pero ése fue uno de ellos. Con ese pensamiento, sentí que me mareaba en mi silla mientras reconocía cuán real era esa verdad por mucho que me sorprendiera. «No quería hacer esto más, ¿desde cuándo?». Había trabajado muy duro para conseguir ese trabajo y demostrar mis capacidades ante los colegas veteranos, y había apurado cada nómina hasta el último céntimo para pagar mi préstamo estudiantil y comprar esos rígidos trajes. Había trabajado horas extra de forma voluntaria, me había implicado en comités adicionales y el equipo de contratación de personal me había hecho saber con discreción que si solicitaba un próximo puesto vacante para conseguir un ascenso, sería la candidata favorita.

Muchas veces me había dicho a mí misma y a todo el mundo que ése era el estilo de vida que deseaba. Ahí estaba yo, tan afortunada de ser la mujer que había conseguido aquello por lo que había trabajado. Mi exitosa vida me había llevado hasta ahí y ahora, después de todo el trabajo realizado, estaba pensando lo único que no tenía sentido pensar: «No quiero hacer esto más».

Esta verdad fue un hecho inoportuno que me persiguió durante las vacaciones de Navidad aunque tratara de ignorarlo. No quería hacer eso más. No quería el trabajo ni los trajes, aunque fuera con influencias. No quería pasar mis vacaciones de Navidad perfilando un nuevo proyecto sólo para impresionar a mis compañeros de trabajo que básicamente discutían y llevaban a cabo juegos de poder. No quería que eso siguiera siendo mi vida al cabo de un año ni al año siguiente.

Había sentido la llamada para cambiar mi vida anteriormente y había estado apartando esa verdad durante mucho tiempo porque siempre venía acompañada de una dosis saludable de miedo. Hasta ahora había respondido a éste haciendo cualquier cosa que estuviera en mis manos para que desapareciera. Trabajaba incluso más duro para olvidar mi sensación de que algo no iba bien. Me había concentrado en hacer trabajo extra para ganarme el reconocimiento externo de mis jefes y compañeros. Pero entre bambalinas sufría dolores de cabeza, musculares y agotamiento de manera regular. Mi estado de ánimo variaba con frecuencia entre la irritabilidad y la depresión, la cual ocultaba tras grandes sonrisas, reconocimientos y la confirmación de que todo iba bien. Para sentirme mejor, me mantenía ocupada realizando más trabajo y recibiendo los elogios que provenían de compañeros que comentaban lo duro que yo siempre trabajaba. El problema surgió al comprobar que dicho trabajo extra era cada vez más difícil de conseguir y no duraba tanto tiempo, y las distracciones ya no eran tan efectivas para enmascarar cómo me sentía realmente por dentro. Llegó un momento en que resultó demasiado difícil ignorar la verdad: «No quiero hacer esto más».

Pasé la mayor parte de las vacaciones de Navidad vacilando entre ocultarme en una neblina de televisión y lo que yo llamo «diario desesperado», el tipo de diario en el que tratas de responder a la intimidante pregunta: «Si tuvieras un millón de dólares y todo el tiempo del mundo, ¿qué harías con tu vida?». En algún lugar entre las anotaciones del diario y la telerrealidad, identifiqué una sensación incómoda en mi cuerpo y, con cierta sorpresa, me di cuenta y me dije: «Esa sensación es miedo. Sé que las cosas deben cambiar, pero tengo mucho miedo de cambiarlas de verdad».

Me había acostumbrado tanto a trabajar para hacer ver que transmitía seguridad y que estaba preparada para afrontar el mundo exterior que no me había dado cuenta de que el miedo era lo que mandaba en cada área de mi vida. Yo era el modelo a seguir puesto que siempre cumplía una lista de tareas pendientes y aparentaba ser valiente, mientras que en mi interior sentía siempre que no era lo suficientemente buena. Pero ya no podía ignorar el hecho de que esa forma de vivir no funcionaba.

Cuando conecté con lo que estaba sintiendo en lugar de ocultarme esos pensamientos, fui consciente de que en el fondo tenía miedo de todo. No era sólo por el trabajo. Temía ser infeliz si me quedaba y me intimidaba la idea de cambiar de profesión, pero había algo más profundo. Tenía miedo de no descubrir nunca quién era o lo que quería. Me reprendía por estar tan confundida y por no tener respuestas inmediatas.

Como ninguno de mis amigos, familiares o colegas había hablado alguna vez de sentir la misma confusión que yo experimentaba, pensé que estaba sola. Tenía miedo de ser juzgada si comenzaba a hablar de lo que sentía o si tomaba una decisión diferente a la que esperaban los demás. Sin tener un plan, me dejé llevar por lo que sentía era necesario en ese momento. En lugar de apartar el miedo, hice algo que nunca había hecho antes: reconocí que el miedo existía y que éste me había controlado sin darme cuenta. Recuerdo darle vueltas a la idea y pensar: «Muy bien, tengo miedo». Entonces, con más conocimiento de la situación, me di cuenta de otra cosa: *tenía una opción*. Podía volver a apartar el miedo, lo cual me mantendría exactamente donde había estado, o podía comenzar a manejar mis miedos de una forma diferente, lo cual requería coraje, pero podía dar lugar a la auténtica felicidad que había estado buscando.

Durante varios meses a partir de entonces, me mostré decidida. Al principio, pensé que con tan sólo «empeñarme en ello» y enfrentar mi miedo sería suficiente. Todo lo que necesitaba era mandar a paseo a mi falta de confianza y luego podría comenzar a vivir la vida de mis sueños. Pero los siguientes meses trajeron paradas y avances casi constantes, ya que los viejos patrones no desaparecieron fácilmente. No cesaba de dar un paso adelante y luego un paso hacia atrás. Hubo semanas en las que encontraba el coraje dentro de mí misma para hablar incluso si mi opinión no era bien acogida, o llegaba a casa y me saltaba la carga de trabajo adicional para poder escribir ficción, otra cosa que había abandonado en el momento en que empecé a intentar mejorar profesionalmente.

Luego, hubo otras semanas en las que me sentía más insegura e indecisa con respecto hacia dónde se dirigía mi futuro. Durante esas semanas me mostré de acuerdo, una vez más, en aceptar más trabajo de comité por mis compañeros, sólo para obtener una pequeña dosis de aprobación. No entendía cómo podía tener tan claro que algo debía cambiar y que sin embargo fuera tan difícil tomar las medidas necesarias para hacer las cosas de otro modo. No era así como sucedía en las películas, en la televisión o en ninguno de los libros de motivación que había leído.

Al principio, lo único que podía hacer era volver a lo que sabía que era cierto: «No quiero hacer esto más». Seguí preguntándome a mí misma qué quería realmente en lugar de aquello. Decidí dejar que las respuestas que surgían cuando me hacía esa pregunta fueran lo que eran, aunque inicialmente las juzgara como demasiado convencionales o del todo idealistas. «Quiero escribir». «Quiero pasar un verano en Italia aprendiendo italiano». «Quiero trabajar con personas para contribuir a que sus vidas sean mejores». «Quiero enseñar».

Hoy, en retrospectiva, puedo hablar más claramente sobre lo que estaba llegando a entender durante ese momento crucial de búsqueda e incertidumbre. En primer lugar, el descontento y la infelicidad son señales que vale la pena escuchar. Hay una parte auténtica de todos nosotros que se niega a mentir y fingir que las cosas están bien, incluso cuando realmente no lo están. Esta parte de nosotros seguirá apareciendo a través de sentimientos como el agotamiento, el resentimiento, la insensibilidad o la tristeza. ¿No te sientes bien con tu vida? Deja de considerar esos sentimientos como problemas de los que deshacerse rápidamente y presta atención a por qué aparecen en primer lugar.

En segundo lugar, nuestros deseos son válidos. Lo que queremos para nuestras vidas *importa* tanto si se trata de cosas simples como audaces. Nuestras ambiciones personales no son egoístas y a menudo sólo tenemos la capacidad para dar o apoyar de verdad a los demás cuando nuestro propio pozo interno está lleno. Nuestros deseos son dignos de nuestra atención y merecen ser un objetivo principal en nuestras vidas.

En tercer lugar, ir tras lo que deseamos siempre implicará algún tipo de temor o inseguridad. No hay forma de evitar eso. No hay nadie que sea del todo «valiente». Esa persona no existe. Ir tras lo que realmente deseas requerirá volver, una y otra vez, a poseer y entender tus miedos. No podemos desterrar el miedo y hacer una lista de tareas. Tenemos que examinar nuestras respuestas ante el miedo y trabajar con y a través de ellas.

Finalmente, el cambio no es tan simple como «decidir que las cosas serán diferentes». Todos tenemos aspectos que siguen patrones y son impulsados por los hábitos respecto a nuestra forma de pensar y de actuar. Si deseamos llevar a cabo cambios valientes y audaces en nuestra vida, también debemos entender cómo nuestras formas de ser habituales nos apoyan o impiden que realicemos el cambio. Los hábitos arraigados influyen en las medidas que tomamos o no.

Si vemos con claridad cómo el miedo y la formación de hábitos afecta a nuestro comportamiento en tiempos de cambio, el camino hacia un verdadero cambio de vida se vuelve más obvio: respondemos al miedo de un modo habitual y mucho más predecible de lo que en un principio pudiera parecer, lo que significa que es crucial observar las rutinas que seguimos en momentos de estrés, desafíos o cambios. Comprender el papel del miedo en las rutinas habituales, romperlas y crear hábitos diferentes y audaces es la manera de cambiar tu vida.

Aquella complicada Navidad tuvo lugar hace más de una década, y hoy veo la vida diferente de una forma radical. Después de estudiar mis propias respuestas basadas en el miedo y los factores de cambio de comportamiento que subyacen en nuestra búsqueda para llevar una vida mejor, me convertí en mentora personal asesorando a clientes que, como yo, querían cambiar algo en sus vidas pero no estaban seguros de cómo hacerlo. Con el tiempo, el campo de mi consulta se redujo para centrarme específicamente en trabajar con la forma en que experimentamos el miedo y la práctica del coraje. Más tarde, pasé de trabajar con clientes de forma individual a promover retiros, talleres, programas y seminarios. Tras miles de horas de escuchar historias de clientes y pasarlas por el filtro de la investigación sobre la ciencia del comportamiento y la neuropsicología, he aprendido algunas cosas fundamentales sobre el comportamiento humano y cómo funciona el miedo cuando estamos tratando de cambiar.

Todos sabemos lo que se siente cuando queremos algo más en nuestra vida, pero vacilamos a la hora de actuar porque el miedo o la inseguridad se ciernen sobre nosotros. No importa cuál sea el deseo o cuán grande o pequeño pueda parecer el cambio; nos estancamos en las rutinas de miedo. Por lo tanto, lo que debemos hacer para desbloquearnos es cambiar dichas rutinas es. Este proceso de desbloqueo a través del autoexamen auténtico y el abandono de viejos hábitos, en lugar de tratar obstinadamente de seguir tu camino a través del miedo, requiere un coraje increíble. Pero no te equivoques: el coraje se puede cultivar, no es algo con lo que se nace; es un conjunto específico de estrategias que se pueden aprender y elegir practicarlas hasta que lleguen a formar parte de tu forma de ser habitual.

Cuando me encuentro de pie en una sala llena de asistentes a un taller o dirijo un curso en línea, en algún momento pregunto al público: «Entonces, ¿qué es lo que de verdad quieres que sea diferente en tu vida?». Algunas personas desean hacer algo tangible y orientado a objetivos, mientras que otras quieren cambiar una forma de ser determinada. Éstas son sólo algunas de las cosas que la gente contesta al preguntar qué quieren cambiar en sus vidas:

- *Más tiempo, más dinero y más sexo.*
- *Más diversión.*
- *Darle una patada al perfeccionismo.*
- *Tomar decisiones con seguridad, sin dudar ni cuestionarme a mí mismo.*
- *Ser simplemente yo; ser feliz con quien soy; sentir que valgo lo suficiente.*
- *Sentir que soy completamente competente y que puedo crear lo que quiero en mi vida.*
- *Menos inseguridad.*
- *Sentirme más seguro y capacitado a la hora de tomar decisiones.*
- *Escribir un libro.*
- *Mejorar mi matrimonio.*
- *Dejar de compararme y sentir que otras personas son más atractivas, más exitosas o más delgadas.*
- *Perder peso.*
- *Quiero aceptarme a mí mismo para no sentir que algo debe cambiar.*
- *Más protección con respecto a las personas que me critican. Quiero dejar de preocuparme por lo que piensan.*
- *Deseo cambiar de trabajo.*
- *Centrarme y terminar lo que empiezo.*

Todos estos participantes están hablando del deseo de casar lo interior con lo exterior, lo cual es la raíz de lo que todos ansiamos. Unir quiénes somos por dentro (nuestros valores, deseos más profundos y expresión creativa) con la forma en que vivimos día a día es lo que produce felicidad y realización personal. Queremos ser quien creemos que debemos ser. Queremos ser nosotros mismos y confiamos en que eso sea suficiente.

Sin embargo, al preguntarles a esas mismas personas qué es lo que les ha impedido hacer ese cambio, me pueden dar miles de razones diferentes: no hay suficiente tiempo ni dinero; están bloqueados por el modo en que fueron criados; es culpa de ese exmarido sinvergüenza, un reto para la salud o un mal jefe. La mayoría de razones son una tapadera para lo mismo: el miedo. Podrían llamarlo de un modo distinto, como inseguridad, pero en realidad es miedo.

Cuando no hacemos un seguimiento de nuestros deseos de cambio con acciones, una vieja y habitual rutina de miedo se apodera de nosotros sin que nos demos cuenta ni seamos conscientes de ello. Empieza de un modo muy sencillo: decides que quieres cambiar algo, como escribir el libro que sabes que tienes dentro de ti o comunicarte mejor con tu pareja. Entonces, algo sale mal. Puede que no te haya parecido que tuvieras «miedo» cuando abandonaste tu objetivo de escribir un libro para visitar Facebook, o en ese momento de ira hacia tu pareja cuando te dedicaste a criticarla en lugar de hablar con respeto. En ese momento, es posible que encuentres muchas justificaciones lógicas por las que no cambiaste cuando te dijiste a ti mismo que lo harías.

Tratar de seguir el camino hacia una nueva forma de comportarse es estresante, y el estrés es sinónimo de miedo. El cerebro es un organismo inteligente que busca la forma más rápida y eficiente de aliviarse cuando se enfrenta al estrés Para disminuir el estrés, el cerebro comienza a lanzar impulsos basados en lo que le ha funcionado en el pasado. Algunas personas sienten el impulso de posponer las cosas en respuesta a los sentimientos de inseguridad, mientras que otras hacen lo que hice yo y se esfuerzan por ser perfectas y destacar. Cuando el cerebro se enfrenta al desafío de tratar de elegir un nuevo comportamiento, la conducta más antigua y familiar es la opción menos estresante. Precisamente por esto el cambio es tan difícil. Intenta dar un nuevo paso, como moverte en la dirección de algo que siempre has soñado hacer, y tu cerebro te inundará de ansiedad porque es algo nuevo y desconocido. Si abandonas el plan de perseguir el sueño y en su lugar eliges lo que ya conoces, y que por lo tanto es seguro, tendrás tu recompensa, ya que el cerebro se relaja. A tu cerebro le gusta la predictibilidad, y está preparado para «recompensarte» por elegir las respuestas y rutinas familiares.

Si estás pensando en hacer un movimiento atrevido y te sientes paralizado a la hora de dar el primer paso, o si estás tratando de hacer cambios y descubres que no puedes ceñirte a ellos, estos impulsos de miedo, ansiedad o incomodidad son parte de los deseos bioquímicos de tu cuerpo de seguir con una vida cómoda a través de la continuidad. En lugar de percibir estos sentimientos como una señal de que el cambio que deseas no es realmente para ti, debes entender que son sentimientos normales en respuesta al cambio, una especie de mecanismo de autoprotección arraigada.

Aquí está la buena noticia: si entiendes cómo funciona el miedo en este nivel del cerebro, puedes reconocer cuáles son los impulsos y comenzar a «readaptar» tu cerebro enseñándole que hay otras formas de responder en lugar de los impulsos basados en el miedo a los que estás acostumbrado. Cultivar conductas valientes como algo normal de tu día y como respuesta a los sentimientos de miedo puede evitar que los temores obstaculicen la creación de una vida más audaz y valiente. Cuando el coraje se convierte en un hábito, es más fácil tomar medidas en la dirección de los cambios que deseas.

En lugar de permitir que los mismos patrones de miedo se muevan aparentemente fuera de control, puedes observar cada parte del patrón, ser honesto sobre el modo en que sueles responder al miedo y tomar decisiones conscientes y deliberadas para hacerle frente de manera diferente y con coraje. Si te armas con una comprensión mejor de los impulsos del cerebro y de cómo realizar cambios de conducta mediante la formación de hábitos, puedes abandonar los viejos patrones de miedo y vivir tu vida valerosa practicando lo que yo llamo el «Hábito del Coraje».

Desglose del Hábito del Coraje

Este libro seguirá el modelo de una orientación personal, pidiéndote que tengas claro lo que quieres y cómo el miedo te ha impedido obtenerlo, y luego mostrándote cómo puedes usar el proceso del Hábito del Coraje para trabajar con tus miedos, esta vez de una manera diferente. En mi trabajo con un cliente en tiempo real, normalmente realizamos sesiones telefónicas quincenales durante al menos tres meses y el cliente utiliza el tiempo entre sesiones para integrar e implementar los cambios de los que hablamos durante las mismas. Comenzamos nuestro trabajo de orientación definiendo un objetivo principal y haciéndonos una idea de ese yo más valiente que el cliente quiere hacer salir.

En el capítulo 1, hablaremos sobre qué es lo que quieres crear en tu vida, de qué metas te has alejado o qué formas de ser te han resultado difíciles de cambiar. ¿Qué grandes sueños has reprimido? Si tu «yo más valiente» fuera el que dirige el espectáculo, ¿qué cambiarías? Nos concentraremos en tus deseos verdaderos y más auténticos para tu vida.

En el capítulo 2, la cosa se pone emocionante a medida que te preparas para la formación de hábitos: las claves para desbloquear el cambio de conducta. Los hábitos se ejecutan en un ciclo de señal, rutina y recompensa en el cerebro, los cuales desglosaré en detalle a lo largo del mismo capítulo. Comprender este ciclo te ayuda a dejar de responder al miedo y a la inseguridad del mismo modo para que el nuevo cambio sea posible. En lugar de manifestar un miedo basado en un ciclo de señal, rutina y recompensa, aprenderás una forma alternativa más efectiva.

Cuando sientas miedo, sabrás cómo crear las cuatro partes del Hábito del Coraje como parte de tu nueva «rutina», lo cual te proporcionará la «recompensa» que deseas y te permitirá perseguir la vida que realmente quieres con más resiliencia y menos inseguridad, miedo o dudas.

Las cuatro partes del Hábito del Coraje que aprenderás entre los capítulos 3 y 6 son pasos respaldados por investigaciones que te proporcionan más resiliencia frente al miedo. ¡Imagínatelo! En lugar de luchar contra el miedo o dejar que te paralice, puedes elegir mantener comportamientos que te hagan sentir más resistente y concentrado, incluso cuando surjan las dudas. No te desharás del miedo, pero dejarás de estancarte en él. Cuando empieces a practicar estos pasos, comenzarás a sentir que eres realmente capaz de crear la vida que quieres.

Todos los capítulos están dedicados a desglosar cada parte del proceso. Aquí tienes una descripción general de las cuatro partes:

- Acceder al cuerpo.
- Escuchar sin apego.
- Replantear historias limitantes.
- Comunicarse y crear una comunidad.

Acceder al cuerpo. El miedo no es lógico; lo sentimos en el cuerpo antes de poder «razonar» con las voces de la duda o la crítica interior. Por eso empezamos accediendo al cuerpo, para que puedas reconocer las sensaciones de miedo que se desatan en él justo cuando empiezan, pero antes de que lleguen a abrumarte. Acceder al cuerpo es una poderosa herramienta para contrarrestar los sentimientos de inseguridad que surgen. Una investigación publicada en la revista *American Journal of Psychiatry* muestra claramente que las intervenciones basadas en el *mindfulness* alivian el estrés y la ansiedad, lo cual es primordial a la hora de hacer grandes cambios en la vida (Kabat-Zinn *et al.* 1992). Te calmarás y serás consciente de que debes ser más hábil a la hora de ver cómo funciona tu miedo y qué puedes hacer para evitar que te domine.

Escuchar sin apego. Casi todos queremos evitar tener que lidiar con cualquier temor o voz crítica interior; es una de las formas en que tratamos de escapar del miedo. Los múltiples memes en Internet relacionados con darle una patada al miedo constituyen una clara indicación de que nuestra cultura está constantemente reforzando el deseo de deshacernos de él. Cuando sintonizamos cualquier voz de duda o crítica, el consejo más habitual es gritar a esas voces para que desparezcan. ¿Qué tal te ha funcionado eso en el pasado? ¿Parece que las voces siempre regresan? Cuando aprendas a escuchar sin apego, tomarás medidas totalmente diferentes respecto a ese Crítico Interno. En lugar de tratar de ignorar o luchar contra el Crítico, crearás una relación con él basada en una comunicación respetuosa y establecerás límites. Con el tiempo te darás cuenta de que esa voz crítica que a menudo se enfada o te menosprecia no es tan intimidante como creías.

Replantear historias limitantes. Una vez que te hayas calmado lo suficiente como para reconocer las señales del miedo accediendo a tu cuerpo y lo escuches sin apego, estarás listo para pasar del «No puedo» al «Yo puedo». Lo harás a través del replanteamiento de historias limitantes. ¡No me refiero a recitar afirmaciones positivas y confiar en que todo vaya bien!, sino a percibir de verdad esos momentos en que aparece una historia basada en el miedo y decidir conscientemente replantearla como algo que contrarresta ese miedo y esa historia. Por ejemplo, si la historia basada en el miedo es que llevará demasiado tiempo hacer realidad ese sueño, podrías replantearlo como «aunque tarde en conseguirlo, lo perseguiré porque mi felicidad vale la pena». Cuando aprendas cómo replantear historias limitantes, sabrás cómo construir un puente que una las partes de ti que sienten que lo que quieres está fuera de tu alcance, las partes que no tienen límites, y las que saben que, con suficiente trabajo duro y coraje, el cambio es posible.

Crear una comunidad. ¿Cuál es el factor número uno que puede reforzar un hábito? Rodearse de personas que practican los mismos hábitos. Algunos lectores de este libro pueden recurrir a un sistema de apoyo fundamentado en personas que estarían entusiasmadas de ayudarles a trabajar para aumentar su coraje, mientras que otros tienen seres queridos pero no necesariamente interesados en ellos o que apoyen sus esfuerzos por cambiar. Aprenderás cómo manejar las opiniones de los demás de manera que no hagan descarrilar tu propio progreso, así como la forma de encontrar y crear más conexiones con personas con ideas afines que quieren llevar una vida con más coraje, más auténtica y más feliz.

Completaremos este proceso con una reflexión sobre lo que ha cambiado. Después de todo ese trabajo, siempre es inspirador mirar atrás, ver hasta dónde has llegado y darte cuenta de cuántos límites y dudas has superado. Es realmente emocionante comprobar que la vida que has ansiado puede llegar a buen término mucho antes de lo que podrías haber imaginado simplemente usando estas herramientas. ¡Un cambio significativo de vida no tiene que llevar una eternidad! El cambio comienza en el momento en que aplicas las herramientas del Hábito del Coraje a tu vida.

Te aconsejo que tengas un cuaderno especial para tomar notas a medida que vayas leyendo *El Hábito del Coraje* y completes sus ejercicios. También hay un sitio web del libro en www.yourcourageouslife. com/courage-habit donde puedes descargar las hojas de ejercicios que acompañan a este libro, así como audios extra.

Del miedo al coraje

El típico consejo de las terapias de autoayuda para «ser más valiente» consiste en pedir a las personas que intenten ignorar sus miedos o dudas recitando afirmaciones para «mantener una actitud positiva» u ordenando al crítico interior que se calle y desaparezca. En este libro no encontrarás esas sugerencias porque, sencillamente, ninguna de ellas funciona a largo plazo. Si lo hicieran, nadie volvería a tener miedo, porque todos hemos probado esos métodos para manejar nuestras dudas y miedos. En lugar de agotarte luchando contra el miedo, este libro comienza indagando en cómo puedes ser auténtico, llevar las riendas de tu propia vida y confiar en ti mismo. Tú

23

decides cómo es tu vida valerosa y lo que quiere ser, hacer y experimentar tu yo más audaz. Así utilizas los pasos del Hábito del Coraje para crear exactamente esa vida que deseas. ¡Conseguirás que llegue a buen término!

Al principio, la mayoría de las personas con las que hablo sobre este proceso sienten algo de curiosidad, tal vez incluso esperanza, pero todavía dudan un poco. Nunca olvidaré el trabajo con Alexis, quien estableció una relación conmigo como parte de un programa de entrenamiento corporativo. En nuestras sesiones, percibía que cuando Alexis hablaba sobre el trabajo, estaba claro que realmente lo amaba.

Sin embargo, se cuestionaba a ella misma constantemente a la hora de lanzarse a nuevas experiencias que podrían hacer que los demás la vieran como una innovadora en su papel como directora de proyecto. Alexis quería que la empresa cambiara la forma de comunicarse con los empleados de un rango inferior. Deseaba un enfoque más humano de la cultura de oficina que dejara espacio para que todos pudieran expresar sus opiniones. Pero, como ella me dijo: «¿Quién diablos soy yo para decirles a los directores de la compañía que deberían cambiar todo el sistema? Si le dijera a alguien en cualquier empresa estadounidense que pensara más con el corazón, me echarían de la sala de juntas».

Como muchos de nosotros, Alexis había pasado años pensando: «Si no tuviera tanto miedo, les diría lo que realmente pienso / haría ese cambio / daría ese gran paso». Ella siempre había supuesto que para hacer lo que anhelaba, primero tenía que descubrir cómo debía actuar para que desapareciera su miedo. Alexis era inteligente, y había probado muchas «estrategias» con ese fin, pero no había intentado comprender su miedo en profundidad. Ahí es donde iniciamos nuestro trabajo.

Comenzando con el paso del hábito de coraje de acceder al cuerpo, Alexis llegó a conocer a su miedo y aprendió a identificar exactamente lo que sucedía en los momentos en los que estaba a punto de dar su opinión, pero se contenía. En lugar de tratar de huir de lo que su miedo le decía, se enfrentó a él escuchando lo que las voces temerosas le transmitían. Esta práctica de «escuchar sin apego» hizo que Alexis se diera cuenta de que, aunque las voces críticas eran condescendientes y solían estar muy presentes, eso no significaba que tuviera que hacer lo que le decían. A partir de ahí, «replanteó» las historias limitantes basadas en el miedo que se había contado a sí misma acerca de lo que pensarían los altos cargos sobre sus ideas: «Aunque mis ideas sean juzgadas, vale la pena compartirlas. No puedo saber con certeza cómo van a reaccionar». Entonces, comenzó a crear un grupo con los compañeros de trabajo que conocía mejor a quienes comunicó sus ideas, y luego se reunieron todos con el jefe del departamento para exponer su idea sobre el cambio de comunicación con los empleados de menor rango. Su valentía al decir lo que pensaban como un grupo reforzó la confianza de Alexis. Cuando nos reunimos para una sesión unos meses después, me dijo: «¿Sabes qué? ¡Nos escucharon!».

Mediante el uso de las cuatro partes del hábito de coraje, Alexis cambió el viejo ciclo de huir de sus miedos o dudas. Al utilizar su nueva comprensión sobre el concepto de la formación de hábitos, ya no esperaba a que llegara un momento de inspiración que le hiciera sentir que era fácil decir lo que pensaba. En lugar de eso, podía usar cada paso del Hábito del Coraje para ver dónde la retenían el miedo o la duda, identificarlo como una vieja rutina habitual y decidir hacer algo de una manera distinta.

Lo más probable es que ahora mismo haya algo que te encantaría cambiar en tu propia vida. Tal vez, como en el caso de Alexis, haya aspectos de tu trabajo que no te satisfacen, o quizá sabes que le das demasiada importancia a lo que piensan los miembros de tu familia y quieres ser más valiente para hablar por ti mismo. Tal vez tengas un sueño personal que anhelas cumplir, como viajar por todo el mundo con un billete de ida, o quieras hacer algo más para cambiar los problemas a los que se enfrenta el mundo. Posiblemente estés igual que yo cuando me di cuenta de que no quería seguir con mi antigua profesión, lo que me alertó sobre un proceso aparentemente aterrador pero necesario de ver quién era *en realidad* y cómo quería que fuera mi vida.

Los clientes con los que he trabajado tienen objetivos diferentes o desean cosas distintas, pero lo que les une es que están cansados de que el miedo o las dudas dirijan sus vidas. Están cansados de esperar el día en que, de alguna manera, «se sientan lo suficientemente valientes» para cambiar y quieren tomar medidas efectivas para perseguir sus sueños.

Cuando empiezas a practicar cada una de las cuatro partes del Hábito del Coraje, es tu yo más valiente el que a toma las riendas y no tu miedo. No tienes que esperar para comenzar a vivir con más coraje. Es algo que puedes empezar a hacer hoy.

La cuestión es...

Sé lo difícil que puede resultar esta tarea. Yo misma cometí errores y me costó confiar en este proceso. Sin embargo, también sé que perseguir lo que más deseas, enfrentarse al miedo en el camino y ver que tu vida valerosa llega a buen término es totalmente posible. A medida que integres lo que aprendes, ten cuidado de no quedar atrapado en lo que yo llamo la «rueda de hámster de la autoayuda», en la cual corres y la haces girar furiosamente mientras intentas «mejorar». Como la mayoría de mis clientes, pasé años «trabajando en mí misma», leyendo libros de autoayuda y asistiendo a talleres, esperando que eso me «arreglara». El miedo era el problema identificado, y pasé mucho tiempo con la esperanza de que si podía recitar, meditar, razonar lógicamente o luchar contra mis miedos, finalmente sentiría que era lo suficientemente buena. Ahora veo todo eso como un modelo antiguo que se vende sobre todo a las mujeres. Ese modelo prioriza la lógica a la emoción y la intuición, y aspira a alcanzar la perfección para ser considerado un «triunfador».

En cambio, en el modelo del Hábito del Coraje se trata de aprender a convivir con las cosas que nos resultan incómodas e incorporarlas a nuestra existencia. Se trata de abrazar el miedo y el coraje, la duda y el éxito, la expansión y la contracción, y confiar fundamentalmente en tu resiliencia, capacidad y bondad en el camino. Éstas son las conversaciones basadas en el corazón que mantengo con mis clientes en las que hablamos de la vida, no como una serie de metas que cumplir, sino como un proceso en el que involucrarse.

Aprender a involucrarse requiere tiempo, presencia, adaptación y refinamiento. Todavía experimento el miedo de manera regular cuando persigo las cosas que quiero en la vida, digo lo que pienso ante una injusticia o me enfrento a las críticas. Creo que si no continuara practicando de manera habitual con las herramientas que el Hábito del Coraje pone a mi disposición, me sentiría estancada de nuevo. Mientras experimentas este proceso necesitarás una forma de practicar las partes del Hábito del Coraje a diario. Cuando estaba luchando por primera vez con el cambio y quería seguir siendo responsable, dibujé una pequeña tabla en la parte posterior de un cuaderno donde registraba con una simple señal si me había tomado unos minutos para las cosas que necesitaba hacer, como acceder a mi cuerpo con el fin de ver lo que estaba sintiendo o replantear historias limitantes cuando surgían. Alguien puede decidir que unas estrellas doradas en una hoja de papel o algunas aplicaciones digitales con recordatorios son métodos más rápidos para asegurarse de que se responsabiliza de su tarea diaria. Da igual el método que elijas; lo único que importa es que escojas algo que refuerce esta tarea en tu día a día.

La tarea más valerosa que llevarás a cabo será estar dispuesto a saber honestamente quién eres, la vida que estás creando y cambiar de rumbo si no eres feliz. ¿Acaso vives una existencia que recordarás en un futuro y de la que estarás orgulloso? ¿Serán palabras como *alegría* las primeras que usarás para describir tu vida? Yo quiero que éstos sean tus nuevos parámetros para conseguir una vida feliz y plena. Sólo tienes esta vida, es importante que la vivas bien. Tú eres importante. Tus sueños también.

La cuestión es: ¿elegirás identificar y cambiar cualquier modo de vida basado en el miedo para crear una existencia valerosa? Podemos seguir complaciendo a los demás, presionándonos, intentando evitar la inseguridad, dudando frente al cambio, rehuyendo de correr el riesgo de cumplir un viejo sueño, o decidir que nos merecemos algo más.

Podemos aprender a dejar pasar lo que piensan los demás y darnos permiso para vivir como queremos. Podemos decidir que estamos hartos de la situación y abandonar el camino que hemos seguido, y desarrollar el coraje para confiar en nuestra capacidad con el fin de descubrir una forma de vivir mejor. También podemos aprender a tener el valor de decir lo que pensamos, crear cambios en nuestras relaciones, en nuestras comunidades y en nuestro mundo. Podemos priorizar el ser real y honesto, y encontrar otras personas para quienes ésos sean también sus máximos valores. Esto requiere enfrentarte con honestidad a tus miedos y luego decidir cómo practicarás el coraje. Eres capaz de hacerlo. La cuestión es: ¿qué elegirás?

Capítulo 1

Tu yo más valeroso

Podemos decir con certeza que todos sabemos que sin duda hay algo en el trabajo, las relaciones o la vida en general que no funciona, pero no sabemos cuál sería la alternativa. Cuando me di cuenta de que el estilo de vida por el que tanto me había esforzado no era un reflejo de quien era yo realmente, también me percaté de que no sabía con qué reemplazarlo. En realidad, no sabía quién era ni lo que quería de verdad. Sobre todo me daba miedo dar un paso en cualquier dirección, porque no estaba segura de poder confiar en mí misma para tomar decisiones sensatas. Después de todo, ¿no fui yo quien tomó todas las decisiones que me habían llevado a esa situación? Hasta ese momento, cuando tomaba decisiones sobre mi vida estaba convencida de que me movía en la dirección de lo que quería, sólo para descubrir que deseaba cualquier cosa menos eso.

Cuando profundicé un poco más para examinar las elecciones que había hecho, me di cuenta de que durante años no había estado convencida de estar moviéndome en la dirección de lo que quería. A posteriori, observé varios puntos en los que había ignorado las señales de mi cuerpo y mi intuición, al elegir opciones de manera rutinaria basadas en lo que la gente pensaba de mí o en lo fantástica que parecería, en lugar de escuchar mi propia brújula interna.

Pasar de las señales externas a las internas es un trabajo difícil, por eso muchos de nosotros evitamos hacerlo si podemos. Mi yo más lógico y pragmático trataba de sintonizar deseos de cambio vagos y difíciles de articular, y a menudo me sentía en una encrucijada. Una parte de mí seguía queriendo orden, rutina y un camino pequeño y despejado, aunque no me hubiera llevado a conseguir la felicidad hasta la fecha. Al menos era un camino que yo y todos los que me rodeaban entendíamos. No quería ser una de esas personas que «escuchaban la sabiduría de su cuerpo». ¿Y la intuición? Por favor. ¡No iba a intentar escuchar algo que ni siquiera la ciencia podía probar que existía!

El problema era que trataba de aferrarme a algún tipo de seguridad y control trazando inmediatamente un nuevo plan para reemplazar al viejo. Yo quería «soñar a lo grande» y «ser realista» al mismo tiempo, lo cual no me llevaba a ninguna parte. Era el momento de dejar de aferrarme a una cierta sensación de control planeando las cosas con antelación. Cualquier plan que llegara a mi vida tenía que basarse en primer lugar en quién era yo y lo que quería en realidad, y eso suponía hacer las preguntas más difíciles para llevar a cabo un autoanálisis profundo.

Todos hemos sentido el empuje y la atracción de este espacio. Queremos cambios radicales pero también planes prácticos. Podemos tener ambas cosas pero no al mismo tiempo; por eso es tan importante comenzar por descubrir quién eres y lo que realmente quieres para realizar cualquier proceso de cambio. Necesitamos hacernos las preguntas que requieren que nos miremos a nosotros mismos y a nuestras vidas con honestidad: «¿Quién soy realmente?». «¿Qué es lo que quiero en verdad?». «¿Cómo sería una vida feliz para mí?». «¿Cómo haré para conseguir que lo que en realidad soy en el interior se convierta en mi forma de vivir en el exterior?

Ser honesto al responder preguntas como éstas es mi manera de comenzar cada relación con mis clientes. Al hacer las preguntas adecuadas, empiezan a abrirse posibilidades y emerge un aspecto del yo que podría llevar mucho tiempo en estado latente. Es lo que yo llamo el «yo más valeroso».

Este capítulo busca explorar ese tipo de preguntas, comenzando con una importante: «¿Qué es lo que realmente quieres para tu vida?». Sin embargo, la respuesta a esa pregunta abre la puerta a la exploración de tu yo más valeroso, su forma de ser, lo que valora, lo que despierta su deleite y las experiencias que más desea vivir. Este yo más valeroso ya está dentro de todos nosotros. No nos estamos esforzando para convertirnos en él, más bien necesitamos retirar todo cuanto ha cubierto a ese yo, impidiendo que pueda manifestarse (como el hecho de quedar paralizados por la inseguridad).

Los ejercicios de este capítulo incluyen desde decir la verdad sobre lo que no funciona o explorar tus sueños más salvajes, hasta trabajar en serio con tu propia integridad personal. De muchas maneras, lo que descubras será como recibir un gran formulario de permiso que te escribes a ti mismo para dejar de aceptar la obligación y los «debería» y comenzar a definir cómo es una vida libre, alegre y valerosa. Cuando emerja tu yo más valeroso, la persona que eres realmente en el interior da un paso adelante y se convierte en tu forma de vida externa.

¿Quién es tu yo más valeroso?

En una orientación personal tratamos de especificar al máximo lo que la persona desea para comenzar a crear un mapa que nos ayude a llegar hasta allí. Algunos clientes, participantes de talleres y asistentes a seminarios, han descrito cómo querían vivir sus vidas:

- Ser capaces de aclarar cómo quieren sentirse y tomar decisiones que cultivarán más sentimientos de ese tipo.
- Seguir su curiosidad y deleite, incluso si eso supone salir de sus zonas de confort o enfrentarse a las críticas.
- Estar abiertos a nuevas experiencias, incluso si no hay resultados garantizados.
- Desarrollar más resiliencia a través de la predisposición a cometer errores.

- Preguntarse constantemente cómo sería una acción valerosa y actuar de acuerdo con ello.
- Comprometerse a creer que pueden hacer todo cuanto quieren a pesar de los desafíos y buscar de forma activa los recursos necesarios para ello.
- Usar su crecimiento para ayudar a los demás o dar algo a cambio.

Estos deseos están completamente alineados con la *psicología del coraje*, una disciplina emergente que busca entender cómo las personas cultivan y practican el coraje en sus vidas. En 2007, los investigadores incluso desarrollaron un modelo teórico del aspecto de la mentalidad de una persona valiente que incluye todos estos estados y rasgos en común (Hannah, Sweeney y Lester, 2010). Dicho esto, tu ser más valeroso no es sólo una compilación de rasgos, sino el modo en el que se expresan esos rasgos, y eso es lo que marca la diferencia.

Tomemos como ejemplo a Shay, una instructora de yoga que sacó partido a su yo más valeroso en uno de mis talleres. Meses después, se puso en contacto conmigo para compartir que aquello había revolucionado por completo su enfoque de la enseñanza del yoga. Antes de aclarar quién era su yo más valeroso, hacía lo mismo que muchos otros maestros de yoga: ofrecer un suave y entrecortado «Namaste» al final de la clase y recordar a sus alumnos que mantuvieran «la armonía con la postura». Después de asistir a mi taller, Shay dijo: «Mi yo más valeroso es, con perdón, un maldito cabrón. Me di cuenta de que el tipo de yoga que quería ofrecer a mis alumnos era un poco desafiante. Empecé a decir en mis clases: "Dejad de evitar las posturas que no os gustan. Entrad ahí y hacedlas lo mejor que podáis pero no escurráis el bulto". Todavía recuerdo la primera vez que dije eso en una clase y la descarga de adrenalina que sentí. Era tan distinto a todo lo que había visto en el mundo del yoga. Después de que las cosas hubieran cambiado salí literalmente a comprarme una cazadora motera de cuero. A la gente le gusta y mis clases están siempre llenas. Mi yo más valeroso me empuja y yo presiono a mis alumnos para que no sean complacientes y no se salten lo que no les gusta sólo porque así les resulte más fácil».

Shay también se dio cuenta de que una de las áreas en las que había sido complaciente era en su vida amorosa. Había vivido con su novio, Malcolm, durante varios años y, aunque ella quería casarse, él evitaba el compromiso. A su nuevo yo cada vez más valeroso ya no le funcionaba el ser complaciente en esa relación. Ambos terminaron por tomar la dolorosa decisión de romper. «Ahora salgo con alguien otra vez», me dijo Shay. «A veces es fastidioso, pero es como les digo a mis alumnos: no te saltes las cosas duras, las posturas que no te gustan. En la actualidad hago cosas que nunca hubiera pensado cuando tenía una relación, como irme un mes entero a Bali en primavera a impartir clases de formación de profesores de yoga. Y puedo hacerlo. Hago las maletas y me voy cuando me da la gana. Siento que soy yo misma».

Ser tu yo más valeroso no siempre requiere un enfoque tan audaz como el de Shay. Mi clienta Ellen, una representante de ventas que viajaba y hacía presentaciones a sus clientes con regularidad por su trabajo, expresó que su deseo más profundo sólo era tener tiempo para ella y leer todos los libros que había pospuesto. En un primer momento sospeché que el deseo de Ellen de pasar más tiempo leyendo era sólo su necesidad de descansar y recuperarse después de pasar años sin parar, y que surgirían otros sueños más audaces una vez que se hubiera dado ese tiempo. Pero resultó que ése era el sueño de Ellen. Terminó creando una vida en la que podía tener exactamente lo que quería: mucho tiempo para leer. Dejó su trabajo y se mudó a una «casa pequeña», un remolque móvil de tan sólo veinticinco metros cuadrados, que redujo sus gastos de forma significativa. Aunque esa vida simplificada podría ser calificada como precaria, según los estándares convencionales, era la expresión absoluta del yo más valeroso de Ellen.

«Cada vez que me preguntaba cómo sería una buena vida, siempre incluía leer más libros y hablar de ellos con otras personas», dijo Ellen. «Eso es lo que realmente me emocionó. Durante mucho tiempo no me permití hacerlo porque no estaba dando nada a cambio o contribuyendo de alguna manera, pero cuando realmente sintonicé con lo que más quería, me di cuenta de que ni siquiera sabía quién era esa persona. No soy muy sociable, hablo poco. Así era de pequeña. Siempre estaba atrapada en un libro y quería estar atrapada en un libro otra vez». Más tarde, Ellen volvió a estudiar para obtener su maestría en literatura y poder hablar sobre libros con personas que amaban la palabra escrita.

Shay y Ellen cultivaban las mismas cualidades valerosas de diferentes maneras. Cada una estaba aclarando qué quería en realidad y persiguiendo lo que le hacía disfrutar. Ambas estaban dispuestas a seguir senderos desconocidos, cometer errores y preguntarse a lo largo del camino cómo sería una acción valerosa. Se enfrentaban a los desafíos con la voluntad de creer que encontrarían su camino. Sin embargo, el modo de expresar las cualidades que comprenden una vida valerosa era muy diferente para cada una, ya que ambas mujeres definían sus vidas según lo que era especialmente importante para ellas. El camino de Shay suponía ser más «dura» y más franca sobre lo que ella creía realmente, mientras que el de Ellen consistía en hablar menos y crear más espacio para llegar al interior de sí misma. Al comienzo de estos cambios, ambas tenían mucho miedo de asumir los riesgos que los acompañan de manera natural, pero decidieron que ya no estaban dispuestas a conformarse con nada menos que vivir en armonía con quienes realmente sabían que eran.

Imaginar un día libre

Piensa en esta pregunta: si te despertaras mañana y toda tu vida fuera exactamente como deseas desde la mañana hasta la noche, ¿cómo sería ese día? Descríbelo de principio a fin.

Describe cómo te despiertas. ¿Dónde te despiertas? ¿Cómo te sientes cuando te despiertas? ¿Qué estás deseando hacer al despertarte?

Explícame cualquier otro ritual que guiaría tu mañana.

Cuéntame qué trabajo estarías haciendo. Supongamos para este ejercicio que existe algún tipo de trabajo que ni siquiera se siente como tal porque es placentero. Es algo que te ilumina.

¿Con quién vas a interactuar durante el día? ¿Con qué tipo de personas? ¿Qué intereses tenéis en común?

Háblame sobre tu tarde y después de tu noche.

¿Qué cosas estarías devolviendo al mundo como parte de vivir esta vida? ¿Cómo podría tener ese día un propósito aun mayor?

¿Para qué proyectos apasionantes sacarías tiempo durante el día? ¿Cuáles son esas «cosas divertidas» que haces «porque sí» y no por cumplir un objetivo?

Cuéntame con quién vives.

Cuéntame cómo expresas tus ansias creativas.

Cuéntame cómo te relajas y desconectas.

Describe cómo te sientes cuando te metes en la cama al final del día; un día en el que has vivido una vida en armonía con tu yo más valeroso.

La gente describe muy diversas reacciones en el ejercicio del «Día libre». Algunas personas lo terminan emocionadas y comienzan a anotar con ilusión todo tipo de grandes planes. Otras empiezan a cuestionarse inmediatamente: ¿Han escrito lo «correcto»? ¿Han hecho el ejercicio de forma «correcta»? A otras les preocupa que lo han expresado no sea lo suficientemente audaz.

Esto es lo que comparto en este ejercicio: es tan sólo una puerta de entrada para pensar en la vida valerosa como una forma de existencia. Dicho de otro modo, no se trata de hacer planes específicos para ajustar tu vida a lo que has escrito, sino de tener una oportunidad de pensar libremente mientras dignificamos el valor del coraje. Las personas que viven existencias valerosas no necesariamente lo venden todo y se mudan a otro país ni empiezan a practicar paracaidismo o deportes de aventura.

Mientras esos ejemplos requieren coraje y suponen afrontar los miedos, la verdadera vida valerosa es aquella en que la «forma de ser» de la persona en el mundo refleja el valor del coraje. Al pensar en el coraje como una forma de ser debes dignificar su valor y tratarlo como uno de tus valores personales más prioritarios.

Dignificar el valor del coraje

Dignificar el coraje como valor significa que las elecciones que haces tienen en cuenta esas cualidades valerosas y las ponen en acción; ¡no es necesario hacer paracaidismo! Si eres una madre casera que no tiene intención de venderlo todo para mudarse a otro país, dignificar el coraje como valor podría suponer preguntarte cómo quieres sentirte en un día duro ejerciendo de madre y tomar decisiones que estén en armonía con eso. Si tu sueño es conseguir un puesto de ejecutiva en tu compañía, puedes dignificar el valor del coraje estando dispuesta a asumir riesgos que implican cometer errores, confiando en que encontrarás el camino.

Cuando dignificas el valor del coraje, te preguntas de manera regular y rutinaria: «Si mi yo más valeroso tuviera que tomar esta decisión, ¿qué elegiría?». Ésa es la pregunta que Ellen se hizo a sí misma cuando decidió simplificar su vida y volver a estudiar simplemente porque era lo que quería. Ésa es la pregunta que se hizo Shay cuando se puso una cazadora motera, cambió la forma de dirigir sus clases de yoga y decidió poner fin a una relación que estaba estancada en lugar de seguir con ella porque era lo más cómodo. Cada una de estas mujeres dignificó el valor del coraje con sus acciones, y éste como «forma de ser» fue la base de sus procesos.

En ocasiones, las personas se sienten más inseguras que excitadas después de completar este ejercicio. Otras expresan que no sienten inseguridad ni nada en especial y que les resultó difícil entrar en el proceso. Si eres una de ellas, eso también está bien. El miedo aparece de muchas formas y los sentimientos de incertidumbre, incomodidad o la reticencia a entrar en el proceso son sólo manifestaciones del mismo. Esto significa que algo muy dentro de ti reconoce que el cambio está cerca y que algún aspecto de tu vida está en juego. El hecho de que seas capaz de percibir esta incomodidad será una parte muy valiosa de la transformación de los miedos o dudas que te inmovilizan. A medida que avances por cada uno de los capítulos de este libro, conocerás a varias personas que lucharon contra diversos aspectos del proceso pero transformaron sus vidas porque dejaron de pensar en el miedo o la incomodidad como una especie de señal para dejar de avanzar. Todas ellas completaron este ejercicio y se preguntaron si aquél era el momento en que las cosas iban a ser realmente diferentes. En lugar de dejar que esas dudas las bloquearan, decidieron seguir avanzando para cambiar su vida. Llegaron al otro lado y descubrieron exactamente su capacidad real.

Otras pueden haber terminado este ejercicio sintiendo entusiasmo por lo que es posible, junto a una sensación de indecisión o de agobio por lo que viene después. Es normal darle vueltas a lo que quieres. Has estado haciendo las cosas a la vieja usanza durante mucho tiempo y ahora estás contemplando nuevas posibilidades, lo cual despertaría dudas o incertidumbre en cualquier persona. ¿Cuál es la conclusión? Las dudas, la inseguridad y preguntarte si estás «haciéndolo bien» forman parte del recorrido. Como verás en los próximos capítulos, estar sencillamente dispuesto a percibir lo que sentirás será el inicio para redirigir algunos patrones muy antiguos. ¡Si sintonizas con lo que sientes en tu cuerpo durante este proceso ya estás haciendo parte del trabajo!

Antes de entrar más en profundidad en el trabajo del Hábito del Coraje, es importante que nos tomemos un momento para aplicar de forma activa este principio de «dignificar el valor del coraje» a tu vida. Para hacer el proceso más fácil y directo, te pediré que comiences por aplicar el valor personal del coraje a diferentes áreas utilizando esta pregunta: «¿Qué cambiaría en esta área de mi vida si mi yo más valeroso dirigiera el espectáculo?». Luego, después de haber mirado cada área, observa lo que notas en su conjunto. Te puede resultar de ayuda escribir tus respuestas a estos ejercicios, aunque también puedes simplemente pensar en ellas. (Si deseas descargar una hoja de trabajo para este ejercicio, puedes encontrarla en la página web: www.yourcourageouslife.com/courage-habit).

Honrar el valor del coraje

Diversión y recreo: ¿Qué cambiaría en tu tiempo libre si tu yo más valeroso tomara las riendas? En otras palabras, ¿qué harías con tu tiempo libre si pudieras basarlo sólo en tus intereses y no te preocupara si tu elección da buena imagen o es la forma «más eficiente» de usar tu tiempo?

Carrera y trabajo: Si tu yo más valeroso tomara las decisiones respecto al trabajo que haces para sustentar tu forma de vida, ¿qué pasaría? Puede resultar especialmente útil pensar en cualquier área de trabajo a la que quieras acceder o en la carrera que sueñas con tener.

Dinero: ¿Cómo gastaría el dinero tu yo más valeroso? Para el propósito de este ejercicio, consideraremos por separado el dinero y el trabajo para que puedas examinar con exactitud cómo lo ahorras y lo gastas, y si eso es lo que haría tu yo más valeroso. Familia y relaciones: ¿Qué cambiaría en tu relación con miembros de tu familia como tus padres o hermanos? Si tienes hijos, ¿cómo enfoca el yo valeroso la paternidad o maternidad? Las relaciones sentimentales y las amistades se analizan por separado.

Relaciones sentimentales y sensualidad: Esta categoría comprende una pareja o matrimonio si mantienes una relación comprometida, además de tus sentimientos generales acerca de tu sensualidad y se pueden incluir citas si no tienes una relación estable. ¿Cómo cambiaría tu vida amorosa si tu yo más valeroso tuviera el mando?

Amistades: Esta categoría incluye todo tipo de amigos, desde personas que conoces desde hace mucho tiempo a compañeros de trabajo a los que te gustaría conocer mejor. Piensa cómo conectarías con esas amistades desde el punto de vista de tu yo más valeroso.

Salud y cuerpo: Esta categoría se centra completamente en el cuerpo físico y puede incluir todo desde el descanso, el ejercicio y el alimento que recibe tu cuerpo hasta el modo en que tratas una enfermedad en curso.

Entorno físico: Esta categoría se refiere a tu espacio vital físico real y a lo que haría tu yo más valeroso para crear un espacio que te haga sentir más «tú», como abordar cualquier conflicto con otras personas que comparten ese espacio contigo.

Crecimiento y desarrollo personal: Esta categoría incluye objetivos personales o maneras en las que te gustaría esforzarte. Puede que, por ejemplo, siempre hayas querido escribir un libro o correr una maratón. También puede incluir sentimientos que querrías sentir más a menudo. Podrías decir, por ejemplo: «Si mi yo más valeroso tomara las riendas, sé que me sentiría más concentrado y menos abrumado» o «Me sentiría seguro a la hora de tomar decisiones».

Como último paso de este ejercicio, por favor, revisa todo lo que has anotado y observa si algo te llama la atención. Se trata de buscar esas cosas que echan chispas y te hacen pensar: «¡Uf, me daría miedo hacer eso, pero si saliera bien sería una vida increíble!». Selecciona cualquier cosa que te atraiga de ese modo y considérala como una señal de que a una parte más audaz de ti le encantaría emerger en esa área.

Establecer el Enfoque Primario

Ahora que has terminado los ejercicios «Día libre» y «Dignificar el valor del coraje», has considerado muchas posibilidades diferentes acerca de cómo puede ser tu vida más valerosa. Algunas de ellas serán a pequeña escala. ¡Otras serán bastante radicales!

Dado que la idea de una revisión completa de la vida no es práctica, por no decir aterradora, suelo alentar a mis clientes a que identifiquen sólo tres cosas que les gustaría cambiar y tratarlas como un Enfoque Primario para practicar los pasos del Hábito del Coraje a lo largo del resto del libro. Sugiero reducirlo a tres cosas para que puedas trabajar en partes pequeñas y digeribles de cambios en la vida, en lugar de tratar de hacer demasiado a la vez.

El Enfoque Primario puede consistir en conseguir objetivos tangibles con resultados claros (por ejemplo, cocinar todas las recetas de un libro de cocina de Alice Waters, pasar dos semanas en Marruecos, y demás) u objetivos más intangibles (por ejemplo, volver a conectar con lo que sé que realmente soy, entender los patrones que rompieron mi matrimonio…).

La gente generalmente elige una mezcla de ambos, porque entiende que, aunque usemos un lenguaje que se refiere a los objetivos u orientado a la acción, en realidad hablamos de cómo te quieres sentir contigo mismo y con tu vida mientras tomas medidas para ello. Si anotas las tres cosas para tu Enfoque Primario y te sientes animado, entusiasmado, un poco nervioso, y totalmente emocionado, vas en la dirección correcta.

Si ya sabes exactamente cuáles serían tus tres enfoques principales, ¡genial, anótalos! Si te parece que todo te va grande y quieres un poco de ayuda para centrarte en tus tres elementos, hay varias estrategias que podrías utilizar para aclarar tu propio Enfoque Primario. Léelas para ver cuál te atrae más, y luego elige una para probar. Para no agobiarte, elige sólo una y complétala. Es mejor «hacerlo» que tratar de llegar a lo «perfecto».

Curiosidad, emoción y deleite. Revisa tus respuestas al «Yo más valeroso» o al «Día libre» y trata de percibir qué es lo que te provoca cualquier sentimiento de emoción, curiosidad y deleite, incluso si sólo se trata de un pequeño atisbo. Subraya o resalta esos elementos y elige tres. Cuando Shay estaba revisando lo que había escrito para su «Día libre», se dio cuenta de que había anotado algo acerca de levantarse por la mañana y ponerse una cazadora motera de cuero negro. La imagen de esa cazadora despertó su curiosidad y deleite cuando estaba reduciendo su Enfoque Primario. Seguir este pequeño atisbo de un detalle formó parte de su manera de pensar más allá sobre su forma de ser como profesora de yoga.

¿Dónde quieres estar? Revisa lo que has escrito en cualquiera de los ejercicios, teniendo en cuenta la pregunta: «¿Cómo me gustaría que fuera mi vida dentro de seis meses?». Subraya o resalta cualquier cosa que te haga pensar: «¡Sería fascinante que mi vida fuera así dentro de seis meses!». Una vez más, céntrate en tres cosas.

Consulta a tu yo más valeroso. Del mismo modo en que dignificaste el valor del coraje en diferentes categorías de la vida, podrías aplicarlo de forma global a tu vida preguntando: «¿Qué tres cosas cambiaría si mi yo más valeroso tomara las riendas?».

Lista de cosas que quieres dejar de hacer. A veces necesitamos dar marcha atrás con respecto a lo que queremos expresando en primer lugar qué es lo que no queremos hacer más. ¿De qué estás harto? ¿Qué es lo que está lentamente drenando tu energía? Haz una lista de cosas que quieras dejar de hacer. Después, revisa lo que has escrito en los dos ejercicios anteriores, buscando sobre todo las cosas opuestas a lo que quieres empezar a hacer. Por ejemplo, si «tener deudas» forma parte de tu lista de cosas que no quieres hacer como algo de lo que estás harto, revisarías los dos últimos ejercicios para buscar formas de vivir con coraje que te libraran de tus deudas. Así es exactamente como Helen empezó a pensar más allá cuando decidió mudarse a una casa diminuta.

Recuerda que es importante simplificar los cambios para que sean llevaderos y sostenibles. Escoge tres cosas que te gustaría conservar como Enfoque Primario durante la duración de tu trabajo con el Hábito del Coraje. Si sientes que necesitas uno más, recuerda que cuando hayas completado el proceso del Hábito del Coraje siempre puedes hacer una segunda ronda.

Tendrás mejores resultados a la hora de ver cambios si pones todo tu empeño sólo en unas cuantas cosas que te emocionan que si abarcas demasiadas.

Tu razón

No es raro que alguien tenga al menos un momento de titubeo en esta coyuntura. Por un lado, puede que estés emocionado por crear por fin la vida que has soñado tener. Por otro, es posible que estés preocupado por querer «demasiado».

Una clienta, Janelle, me dijo en una ocasión: «Me siento egoísta». Su Enfoque Primario era liberarse de la presión de ser una madre dedicada y disponible las veinticuatro horas del día, y empezar a recuperar la persona que era antes de ser madre. Lo que Janelle compartió reflejaba lo que había oído de otras mujeres que recibían los mismos mensajes de la sociedad: es egoísta por parte de las mujeres, y en particular de las madres, centrarse en cubrir sus propias necesidades.

Ésta es la cuestión: el deseo de vivir con más coraje en nuestra propia vida no se reduce a escoger entre beneficiarse uno mismo o a los demás. Cuando revisaba la investigación sobre cómo cambian las personas, encontré algo que me fascinó. En un estudio sobre la propia identidad del año 2009, los investigadores hallaron que el proceso de marcar objetivos podía obtener mejores resultados cuando los primeros no sólo beneficiaban al individuo, sino también a un colectivo.

Los investigadores etiquetaron los objetivos que beneficiaban sólo al individuo como «objetivos autoimagen» y los que beneficiaban tanto al individuo como a los demás, «objetivos compasivos». Resultó que estos últimos eran más factibles, en parte porque quien los fijaba estaba más motivado para mantener el rumbo sabiendo que beneficiaría a los demás y más contentos con el resultado una vez que habían cumplido su objetivo (Crocker, Olivier y Neur, 2009).

Es muy interesante pensar que si conectas los cambios que llevas a cabo con el modo en que te beneficiarán a ti y al resto del mundo, no sólo harás el bien a los demás, sino que también tienes más probabilidades de éxito a la hora de cambiar y te sentirás más feliz una vez que hayas realizado esos cambios. Creo que puede suceder lo mismo con el «objetivo» de cambiar tu vida para vivir con más coraje y abandonar antiguos patrones de miedo. A medida que te vuelves más valeroso, tu existencia mejora al igual que la de aquellos que te rodean.

Tómate un tiempo ahora para pensar en cómo tu Enfoque Primario no sólo te beneficia a ti, sino también a quienes te rodean y al resto del mundo. Si tu Enfoque Primario es, por ejemplo, viajar por todo el planeta, ¿quiénes se benefician? En un primer momento, podrías pensar que tú eres la única persona que se beneficia pero, si amplías un poco tu perspectiva, podrás ver algo más. Por ejemplo, a un nivel puramente pragmático, ¿cómo contribuirán tus viajes a la economía local de los lugares que visitarás? A un nivel más visionario, puede que hayas sentido que la vida carece de diversión y que viajar por todo el mundo sea la aventura de tu vida que te haga olvidar esa idea. No puedes sacar agua de un pozo seco, así que si la aventura de viajar vuelve a llenar tus reservas internas, esa reconexión con tu felicidad personal tendrá un impacto positivo en la vida de cuantos te rodean. Puede que, al sentirte más feliz, tengas más capacidad para apoyar a miembros de tu familia con problemas, que seas más eficiente en el trabajo en equipo o que sientas que por fin tienes la energía necesaria para empezar a hacer más trabajo de voluntariado.

Recuerda lo que dije en la Introducción: la desdicha y la insatisfacción son señales de que algo en tu vida no va bien y vale la pena prestarles atención.

¿Existen beneficios para tu pareja, tus hijos, tu trabajo o cualquier otra persona cuando decides sacar a la luz a tu yo más valeroso? ¿Sentirte más valiente en tu vida personal te hará ser más valiente para decir lo que piensas sobre temas que te importan? ¿Pensarás que tienes más que ofrecer a los demás por haber recibido algo tú mismo? Cuando hablo de esto con mis clientes y escucho sus respuestas sobre si recuperaron una parte esencial de quienes solían ser y después les salía de dentro devolver más a los demás, todos dicen que sí.

Las mujeres en particular tienen asignada una entrega y sacrificios interminables, así que permíteme aclarar que no se trata de hacer que tus objetivos sean más aceptables para los demás poniéndolos a su servicio. Más bien estoy puntualizando que tú decides cómo quieres cambiar tu vida, y las investigaciones indican que cuando haces una conexión entre hacer el bien para ti mismo y a los demás, todo el mundo es más feliz y todos salen ganando.

Expandir tu «razón por la que voy a cambiar mi vida» para incluir beneficios para los demás también puede ser una fuente de motivación poderosa cuando surgen los desafíos. Estarás más motivado para seguir adelante incluso cuando el miedo o la inseguridad se propaguen, porque tu deseo de cambiar no te afecta sólo a ti.

Hay algo muy importante en juego si decides renunciar a una vida que de verdad signifique algo para ti: el mundo nunca podrá experimentar todo lo que tienes para ofrecer.

Una vida con coraje es, sin duda alguna, más dichosa. Estás viviendo la aventura de estar completamente vivo en los altibajos, la diversión y los desafíos. Naturalmente, el proceso de transformarte en tu yo más valeroso conllevará dificultades, pero sobre todo cosas fascinantes. Recuerda el dicho: «Todo lo que deseas está al otro lado de tu miedo». En las siguientes páginas, experimentarás directamente cuán cierto es.

Capítulo 2

Hábitos y coraje

Una vez dirigí un taller sobre aprovechar tus deseos más profundos en el que una mujer dijo: «Ojalá no sintiera tanto miedo». Al otro lado de la sala, otra mujer dijo: «¡Tu y yo, hermana!». Después de eso, la mujer que habló primero pasó de tener una expresión tensa en la cara a soltar una carcajada, y luego todos los asistentes rieron. Era la cosa más ridícula, ¿no? Lo único que queríamos era no sentir miedo a la hora de perseguir nuestros sueños. ¿Por qué no puede ser así de sencillo?

No puede ser tan simple porque a los humanos no se nos inculca el hecho de saber eludir las emociones. Como dice el autor e investigador de la vergüenza, el doctor Brené Brown: «Las emociones no se pueden bloquear de manera selectiva». Las emociones forman un paquete, lo que significa que si tratas de evitar sólo tu miedo, también bloquearás tu capacidad de sentir alegría.

Si bien sería más fácil si pudiéramos deshacernos de las emociones más incómodas, el miedo o la inseguridad, el estrés, la duda (el miedo tiene muchos nombres), es una parte habitual a la hora de correr un riesgo. No hay ni una sola persona honesta, curiosa y emocionalmente disponible que sea incapaz de reconocer al menos algo que le provoque miedo o incertidumbre. La intrepidez es un mito. Admitir tener miedos no significa que alguien sea totalmente inseguro; es más bien, una parte saludable del proceso de cambio y persecución de las cosas que más importan.

Intentar ser valiente es malgastar tus esfuerzos en el camino para hacer realidad tus deseos más profundos. Paradójicamente, el hecho de entender y afirmar tu miedo es lo que hace que deje de tener poder sobre cualquier aspecto de tu vida. Eso es exactamente lo que exploraremos en este capítulo. Obtendrás una imagen clara de cómo funcionan el miedo y las dudas mediante el aprendizaje de una pequeña parte de la ciencia tras la formación de hábitos. Verás por qué el miedo puede sentirse de forma tan intensa y por qué el impulso de retroceder suele ser en general tan automático, casi inevitable. Aprenderás que, de hecho, se puede evitar. Te ofreceré la misma guía de apoyo que ofrezco a mis clientes. Además, compartiré las historias de otras personas que han hecho este trabajo para que veas que no estás solo.

Armado con información sobre el cerebro, así como las señales, rutinas y recompensas que pueden alimentar cualquiera de los patrones del miedo o el coraje, podrás ver cómo te has quedado atrapado en el pasado y serás capaz de trazar un nuevo camino haciendo elecciones de forma inmediata sobre cómo quieres vivir tu vida. Cuando practiques el Hábito del Coraje de manera regular, dejarás de quedarte atrapado en los viejos patrones de miedo o inseguridad y comenzarás a ver un cambio real.

El poder del hábito

En el capítulo 1, has definido tu Enfoque Primario identificando tres cosas que deseas cambiar mientras lees este libro. Si todavía no te han asaltado las dudas, es probable que experimentes esos sentimientos una vez que comiences a tomar medidas hacia tu enfoque. Si ya sabes que inevitablemente te enfrentarás al miedo y que no puedes eludirlo, la pregunta entonces es: ¿Cómo vas a superarlo con éxito?

El deseo de cambio y la fuerza de voluntad por sí solos no son suficientes. Existen procesos en el cerebro que rigen la formación de hábitos que juegan un papel clave en la forma en que respondemos a los sentimientos de miedo, algo que la mayoría de nosotros nunca hemos considerado. Primero, déjame darte una pequeña explicación sobre cómo la ciencia actual dice que se forman los hábitos. La formación de un hábito es principalmente un proceso de tres partes (prepárate para enloquecer, porque esto se pone interesante). Hay una *señal*, que es como un desencadenante que activa las cosas. Hay una *rutina*, un conjunto de conductas o respuestas a ese desencadenante. Las rutinas están diseñadas para obtener la recompensa, que es el alivio que sientes cuando la tensión disminuye.

Normalmente pensamos en «hábitos» en términos de «hacer» algo: el hábito de hacer ejercicio, usar el hilo dental o consultar tu correo electrónico después de llegar al trabajo. Actuamos todo el día con bucles de señal, rutina y recompensa cuando interactuamos con familiares y amigos, en casa y en el trabajo, en la cola del supermercado, o sentados frente a un ordenador. Algunas señales son bastante benignas, como escuchar la alarma de tu despertador por la mañana y sentir la señal para comenzar a despertarte. Otras, por supuesto, son más difíciles de experimentar. Por ejemplo, la crítica de un compañero de trabajo o el problema con la bebida de tu pareja pueden indicar sentimientos de miedo o inseguridad. Cuando se trabaja con bucles de señal, rutina y recompensa, la pregunta es: ¿Cómo interrumpimos los bucles que no son útiles para nuestra vida?

En *El poder de los hábitos* (2015), el escritor Charles Duhigg señala que no sólo las cosas que queremos hacer se rigen por el proceso de señal, rutina y recompensa. Muchas de nuestras experiencias emocionales en la vida siguen ese mismo camino de señal, rutina y recompensa, incluso el modo en que experimentamos el miedo y como después respondemos a él.

Eso es precisamente lo que notó Yasmine cuando comenzó a tomar la iniciativa. Mientras trabajábamos juntas para definir su Enfoque Primario, una cosa parecía particularmente osada: «Encontrar un estudio». Después de años de haber pintado en un pequeño rincón de su cocina, quería alquilar un estudio profesional y comenzar a crear piezas a gran escala, tal vez incluso murales. Al principio sólo se sentía emocionada, pero en el momento en que entró por la puerta de una gran nave con espacios para artistas con el fin de hacer una visita con el comercial, sintió pánico.

Allí de pie, frente a los separadores de los cubículos que definían el espacio de cada artista, de pronto se sintió estúpida. «No dejaba de pensar: "No eres una verdadera artista; sería una gran estupidez malgastar el dinero alquilando este espacio"», me dijo. «Me largué de allí lo más rápido que pude. El vendedor probablemente pensó que estaba loca. Ahora sé que debería haberle dado una oportunidad, pero en ese momento me pareció demasiado».

La sensación de miedo e incomodidad fue una señal en el cuerpo de Yasmine. Durante muchos años, había respondido a esa señal con una rutina para evitar lo incómodo y llegar a la recompensa más rápida posible que provocara una liberación de tensión. ¡Ésa es la conexión importante que hay que hacer con el bucle señal, rutina y recompensa! En un momento dado, cuando nuestra inseguridad es fuerte e intensa, estamos programados para tratar de liberar la tensión de la forma más rápida posible incluso cuando esa opción sea contraria a nuestros mayores deseos de vida.

Cuando digo «programados» me refiero al proceso de señal, rutina y recompensa, ya que se origina en una zona del cerebro llamada «ganglios basales». Piensa en los ganglios basales como si fueran una «central de comandos» de la conducta. Dichos ganglios perciben lo que está sucediendo en tu cuerpo y en tu entorno, y determinan qué deberías hacer para lidiar con ello. Cuando sientes miedo o inseguridad, su misión es liberar la tensión que esas emociones provocan y, basándose en lo que ha sido efectivo en el pasado, sugieren rutinas que te llevarán a esa liberación de tensión de forma más rápida. Dichas rutinas pueden adoptar cualquier forma, pero la lógica que lleva a los ganglios basales a elegirlas es la misma: evitar todo aquello que te provoque miedo o inseguridad.

A continuación tienes un ejemplo del proceso de señal, rutina y recompensa:

Señal: Temblar de miedo.

Rutina: Evitar emprender acciones (como la reacción de Yasmine en el estudio).

Recompensa: Disminución temporal del estrés, ahora que la presión ha desaparecido.

Cada vez que nos dejamos llevar por los impulsos de los ganglios basales y seguimos esas mismas rutinas, reforzamos todo el ciclo. El cerebro aprende que evitar (o la rutina habitual basada en el miedo) es efectivo para aliviar la tensión. Los ganglios basales perciben eso y recurrirán a ese impulso de nuevo.

¿Significa esto que estamos a merced del bucle señal, rutina y recompensa? ¡Afortunadamente no! En definitiva, la automatización del comportamiento de los ganglios basales a través de bucles de señal, rutina y recompensa tiene un propósito positivo: nos evita tener que pensar tanto en cada pequeña elección con el fin de ahorrar energía mental a lo largo del día. Como quieres hacer cambios de vida que implican emprender acciones audaces, necesitas entender cómo funciona este bucle y usarlo para reforzar acciones valerosas en lugar de rutinas basadas en el miedo.

El análisis de Duhigg de la investigación sobre la formación de hábitos indica algo muy importante para cualquiera que quiera cambiar este ciclo: si nuestras vidas emocionales están influenciadas por el bucle señal, rutina y recompensa y queremos cambiar algo, lo más efectivo es cambiar la rutina. Si lo piensas, tiene sentido. No podemos controlar todos los aspectos de la vida para evitar las circunstancias estresantes que nos «mandan una señal». Tendremos que pagar las facturas, personas complejas entrarán en nuestras vidas y la opresión sistémica (las oportunidades que se nos niegan debido a nuestro género, raza, clase social o sexualidad) es real. (Ésta es la razón por la que los programas de autoayuda que nos animan a fingir que los desafíos no existen o a ignorar nuestro miedo no funcionan: ¡siempre nos esforzaremos por ignorar el miedo!). Sería contrario a la naturaleza humana esperar que alguien deje de querer esa «recompensa» de alivio ante las emociones provocadas por el miedo o el estrés, por lo que nunca funcionaría tratar de cambiar la conducta sin su recompensa correspondiente. El cambio más efectivo es pensar de manera diferente acerca de cómo respondes a las señales que encuentras.

¡Hagámoslo! Vamos a observar más de cerca el bucle señal, rutina y recompensa comenzando por la señal (la sensación de miedo en el cuerpo) que desencadena todo el resto.

¿Cómo aparece el miedo?

Cuando conocí a Eliana, fue directamente al meollo del asunto: «Sólo necesito orientación para que me ayude un poco a gestionar el tiempo y las responsabilidades», me dijo enérgicamente. Estaba trabajando con ella por teléfono y no tenía ni idea de qué aspecto tenía, pero algo en el tono de voz de Eliana sugería la imagen de una mujer poderosa, tal vez como Olivia Pope en la serie de televisión *Scandal*.

Eliana me explicó que estaba terminando su máster y trabajando a jornada completa para una empresa de consultoría que requería que viajara una semana al mes. Le pedí que me contara más acerca de por qué decidió pedirme asesoramiento y explicó:

—He asistido a cursos sobre gestión del tiempo, he alfabetizado y codificado por colores todos mis archivos y he configurado un millón de recordatorios en mi teléfono, pero nada funciona. Básicamente, los recordatorios suenan todo el día y, tan pronto como voy atrasada con algunas cosas, dejo de molestarme en mirar el teléfono. No tengo problemas de miedos, sino de gestión del tiempo. ¿Me puedes ayudar con eso?.

—Tal vez –le dije, y agregué–: Mientras estemos abiertas a la posibilidad de que los problemas de miedos y los relacionados con la gestión del tiempo podrían tener algo en común.

Eliana se rio:

—Claro, claro, me interesa cualquier cosa que funcione, pero nada de psicoanálisis.

—No conmigo –le dije, sonriendo–. Nunca me ha interesado Freud.

Juntas comenzamos a tratar de entender lo que le estaba sucediendo en torno a la gestión del tiempo. A medida que pasaban las semanas y se sentía más cómoda compartiendo emociones conmigo, nuestras discusiones sobre sus intentos de organizarse revelaron algo más profundo. Si bien contaba con muchos logros notorios que impresionaban a todo el mundo, constantemente asumía demasiado trabajo para que sus colegas la vieran como una «trabajadora en equipo». Esto hizo que se sintiera abrumada, y era algo que se había esforzado mucho en ocultar. La sensación de agobio empeoraba al revisar una y otra vez su trabajo para asegurarse de no haber cometido ningún error que pudieran percibir los demás.

Cuando le pregunté qué tendría de malo que otras personas la vieran cometer un error, respondió como si fuera obvio: «Porque no es profesional y porque entonces la gente pensaría que no puedo gestionarlo todo». El problema, por supuesto, es que nadie puede gestionar todo y, de intentarlo, se sentiría tan abrumado como Eliana. Sospeché que ambas éramos conscientes de ello, pero sabía que la solución no iba a ser tan sencilla como decirle que «simplemente dejara» de asumir más responsabilidades de las que podía. Pensé en tratar de profundizar un poco más.

—¿Qué pasaría si tus compañeros vieran que no puedes ocuparte de todo? –le pregunté–. Hubo un largo silencio al otro lado del teléfono.

—Sería humillante –dijo finalmente–. Hay que contar con las consecuencias reales. Podrían dejar de contar conmigo para los proyectos o ascensos interesantes. Además, soy la única mujer en mi equipo. Todos los hombres se defienden, así que sería humillante cometer ese tipo de error y sentir que nadie me apoya.

Ésa fue la primera pista de que existían puntos de conexión entre lo que parecía ser sólo un «problema de gestión del tiempo» y el miedo. El miedo de Eliana estaba basado razonablemente en sus observaciones de cómo son tratadas las mujeres en el mundo empresarial. Llevaba demasiado tiempo asumiendo más trabajo del que podía llevar a cabo y ocultando su estrés y su agobio porque no quería que sus colegas masculinos la vieran como «una de esas mujeres histéricas».

—¿Entonces sería justo decir que hemos encontrado el lugar donde hay un poco de miedo? –pregunté.

—Vale, vale, tú ganas –dijo, aunque escuché algo de ligereza en su voz y posiblemente algo de alivio–. ¡Así que puede que exista algo de miedo!

A medida que fui conociendo el proceso de Eliana, seguí percibiendo algo interesante cuando hablábamos sobre la logística que le permitía desempeñar las tareas. Por su miedo a olvidarse de algo, solía insertar pasos adicionales en el proceso. Por ejemplo, antes de terminar un trabajo para unas de sus clases del máster, decidió que debía actualizar el sistema operativo de su ordenador y el software del procesador de texto que tenía instalado. Después se dio cuenta de que el disco duro externo que utilizaba para copias de seguridad estaba casi lleno, así que decidió que antes de empezar el trabajo iría corriendo a la tienda Apple a comprar uno nuevo. Eso le ocupó toda la tarde del sábado y, cuando se dio cuenta, se había saltado la comida y ya era la hora de la cena. Después de cenar estaba demasiado cansada como para concentrarse en el trabajo.

Tras haber hablado de los pormenores del día de Eliana, le dije:

—Me pregunto si el miedo se manifiesta de forma diferente a lo que esperabas. Me has dicho que en realidad no experimentas miedo y para ti el miedo es como… una sensación tan poderosa que no podrías actuar en consecuencia si lo sintieras. Pero en tu caso, ¿es posible que cuando sientes miedo se manifieste como una sensación de urgencia? Me parece que cuando notas una sensación de urgencia en tu cuerpo, respondes de un modo que acaba desviándote de tu rumbo.

La urgencia es un sentimiento intenso en tu cuerpo que conlleva algo de ansiedad. Es más fácil responder a ese sentimiento con alguna pequeña tarea, como actualizar el software del ordenador, en lugar de finalizar el trabajo asignado. Tu impulso es terminar algo, lo que sea, aunque eso signifique perder la mayor prioridad.

Después de mi aclaración, Eliana confirmó que eso era lo que le sucedía. Ese sentimiento de urgencia que aparecía en cuanto se enfrentaba a una tarea también le causaba ansiedad, lo cual le hacía sentir esos impulsos de demostrar su valía. Al principio siempre parecía lógico responder a ese sentimiento de urgencia para «lidiar con él» y hacerlo desaparecer. No había identificado ese sentimiento como «miedo» porque consideraba el miedo como una sensación que las personas experimentan cuando ven una película de terror, similar a cuando se cae un ascensor; una sensación que no le permitiría reaccionar siendo ella una mujer de acción. Estos sentimientos de urgencia expresaban sus miedos y respondía a ellos sin cuestionarse si la incitaban o no a hacer algo útil, lo cual la llevaba al abismo de perderse en pequeñas tareas y a no sentirse satisfecha o realizada con el trabajo que hacía.

Eliana pensaba que al ser una persona ambiciosa que iba detrás de lo que quería lo único que tenía era un problema para gestionar el tiempo, nada relacionado con el miedo. Le sorprendió darse cuenta de cómo la urgencia (el miedo) subyacía bajo otros aspectos de su vida. Examinar esos sentimientos de urgencia se convirtió en el punto de partida del cambio de Eliana. En los meses siguientes, trabajé con ella para que aprendiera a reconocer las diferentes formas en que el miedo se manifestaba en su vida. Como respuesta a él, establecimos una serie específica de pasos que cambiarían el ciclo en el que se había estancado durante tanto tiempo.

Tu experiencia con el miedo puede ser totalmente diferente a la de Eliana pero, como en su caso, puede manifestarse en formas que nadie etiquetaría como «miedo». Por ejemplo, ¿has tenido alguna vez problemas con olvidos crónicos? Es una forma común de experimentar el miedo pero pensamos que tan sólo «somos olvidadizos». ¿Te sientes irritado inexplicablemente? Para algunas personas que se enfrentan a la presión de no perder el rumbo, en lugar de sentir urgencia y un impulso de hacer algo, el miedo se manifiesta en forma de irritación con los demás, culpándoles por lo estresantes que son las cosas (la mayoría de nosotros hemos tenido jefes que respondían a su propio miedo y estrés pagándolo con los empleados). Algunos de mis clientes experimentan un miedo que emerge físicamente como un agotamiento repentino o con síntomas como dolores de cabeza o crisis de salud. Otros sienten que les invade una especie de entumecimiento que describen como ir por la vida con un piloto automático o un sentimiento de «desconexión» que sin ser una depresión clínica les hace sentirse mal. Da igual cómo se exprese el miedo en tu vida, la única constante es que te impide actuar de forma armoniosa con la vida que quieres llevar o dar los pasos necesarios para hacer que tus sueños lleguen a buen puerto.

Considera lo siguiente: ¿Cómo es tu experiencia con el miedo cuando lo estás sintiendo? Recuerda que puedes sustituir «miedo» por otras palabras que te suenen mejor. Puedes llamarlo «urgencia», «inseguridad» o «preocupaciones agobiantes» si esas etiquetas son más precisas. ¿Tienes tendencia a bloquearte o, por el contrario, te vuelves hiperactivo y te esfuerzas más? ¿Los pensamientos vienen a ti con rapidez o sientes que a duras penas puedes articular algo en tu cabeza?

Para tener claro cómo experimentas el miedo, piensa en la última vez que te encontraste en una situación inducida por él. Tal vez le estuvieras contando a alguien cómo te sentías de verdad, defendiendo una idea o pidiendo un favor, o puede que estuvieras siendo criticado por un jefe o un familiar. ¿Qué sucedía en tu cuerpo cuando te ponías en evidencia o cuando alguien estaba disgustado contigo? Describe los sentimientos de miedo que recuerdes en una hoja de papel. ¿Qué sensaciones experimentaste? ¿En qué parte de cuerpo? ¿Qué sucede una vez eres consciente de ello?

Al igual que en el caso de Eliana, reconocer tu manera especial de experimentar la sensación de miedo te ayudará a identificar esos sentimientos como las señales que son. ¿Cómo es la sensación? ¿Qué impulsos aparecen una y otra vez? Reconocer las señales de las sensaciones del miedo marca la diferencia a la hora de cambiar nuestras rutinas y modificar todo el bucle de señal, rutina y recompensa. Los sentimientos de miedo que nos mandan señales también pueden ser pistas para saber a qué tememos. Eso es lo que exploraremos en la siguiente sección.

Clarificar tus miedos específicos

Ahora que ya te has tomado un tiempo para observar y clarificar el modo en que el miedo se manifiesta en tu cuerpo, vamos a ser más específicos. ¿Cuáles son los miedos, las dudas o las preocupaciones específicas con las que estás lidiando? Tal vez sea encontrarte en situaciones en las que no sabes cómo responder, en las que puedes fracasar, sentirte vulnerable, perder una relación o quizás enfrentarte al rechazo; o puede que sea el miedo de que para conseguir algo más en tu vida tengas que abandonar algo de lo que tienes actualmente y eso requiera mucho sacrificio.

Clarificar tus miedos

Aquí tienes algunas preguntas para clarificar algunos de tus miedos específicos. Recuerda que todo el mundo tiene miedo a algo. Si tu impulso inicial es pensar que no le tienes miedo a nada, considera si con esa respuesta evitas el miedo de manera inconsciente, lo cual es una forma de mermar los sentimientos de miedo pretendiendo que no existen o de evitar sentirlos. Como ya he explicado, así es exactamente como manejé mis propios miedos durante demasiado tiempo, por lo cual pagué un alto precio en mi vida y mi felicidad. Aunque te consideres una persona exitosa y que parece no tener ningún problema en perseguir lo que quiere, profundiza un poco más en las siguientes preguntas. La probabilidad es que, por muchas cosas que hayas conseguido, sigue habiendo algún lugar donde brotan el miedo o la inseguridad.

Escribe tus respuestas o encuentra otra forma de documentar tu experiencia (también tienes una hoja de trabajo disponible para descarga en www.yourcorageouslife.com/courage-habit, donde encontrarás abundantes recursos que complementan el trabajo que estás haciendo en este libro). Otra opción es discutir estas cuestiones con un amigo, pidiéndole que reflexione sobre lo que percibe que estás haciendo en tu vida.

1. ¿Cuál es el sueño que hace tiempo que quieres cumplir o el cambio de vida que deseas hacer y no ha tenido lugar todavía? Escribe lo que has anhelado y, mientras lo haces, descríbelo con un poco de detalle. En lugar de escribir «viajar por todo el mundo» o «mantener unos límites saludables con mi familia», anota todo lo que se te ocurra acerca de por qué ese sueño de viajar por todo el mundo sería tan maravilloso, o todo lo que serías capaz de realizar si pudieras establecer límites saludables con tu familia.

2. ¿Qué motivos te das cuando te preguntas por qué todavía no has logrado que suceda ese cambio o ese sueño? ¿Por qué no ha acontecido, aparte de otras razones que no sean la falta de tiempo o de dinero? Haz una lista de todas los motivos.

3. ¿En qué situaciones notas que te comparas con los demás y qué tipo de comparaciones son? (por ejemplo: «Sucede en el trabajo. Hay una mujer que parece ser más creativa y tener ideas mejores», o «Nuestro vecina al final de la calle tiene tres hijos y como madre siempre parece tener todo más controlado que yo, aunque sólo tengo un hijo»).

4. Ten en cuenta cómo te bloquea el miedo ante cualquier tipo de proceso. ¿Cómo te paraliza antes de que puedas empezar a actuar?, o ¿cuándo has conseguido seguir adelante y después el miedo ha aparecido de pronto y te ha abrumado?

5. Termina esta frase de cinco maneras diferentes: «Siento que no soy lo suficientemente bueno cuando…».

Cuando hayas terminado de responder a las preguntas, examina tus respuestas y busca cualquier cosa repetitiva, como lo que tiendes a pensar y decir o circunstancias crónicas. ¿Hay algún pensamiento que aparece una y otra vez? (por ejemplo: «Siempre decido que no es el momento adecuado»). ¿Hay algo que al parecer siempre te dices a ti mismo? (por ejemplo: «Cuando me pongo nervioso o siento que no soy lo suficientemente bueno, siempre pienso:"¿para qué molestarme en intentarlo?"»). ¿Puedes identificar alguna circunstancia que parezca repetirse siempre (por ejemplo: «Cada vez que he empezado algo y no he seguido con ello ha sido porque pasaba apuros económicos y he decidido que tenía que dejar de perseguir mi pasión y empezar a ganar más dinero»).

Asegúrate de que identificas estos tres miedos específicos y los anotas. A medida que completes diferentes ejercicios en los próximos capítulos, los aplicarás a estos miedos específicos para que cuando termines el libro no tengan tanto peso.

Por favor, sé considerado contigo mismo durante este proceso. Es duro mirar tan de cerca aquello que tememos. El fin de este proceso no es deshacerse del miedo, ya que eso es imposible. Necesitarás entrar en él y mirarlo con claridad. No harás del coraje un hábito accionando un interruptor, no es así como suceden los cambios. La consideración contigo mismo y con tu proceso es necesaria y te llevará donde quieras.

Cuatro rutinas del miedo comunes

He oído a muchas personas hablar de sus experiencias con el miedo y a casi todas les preocupa al menos un poco que sus experiencias sean tan únicas que no se les pueda ayudar. Sin embargo, he averiguado que hay cuatro rutinas que son las más comunes: yo las llamo el Perfeccionista, el Saboteador, el Mártir y el Pesimista. A continuación desglosaré cada una de dichas rutinas describiendo lo que solemos pensar, decir y hacer cuando nos estancamos en ellas.

Si bien puedes encontrar aspectos de ti mismo en todas estas rutinas, normalmente una es la predominante a la que recurres más a menudo, y eso es lo que te pediré que consideres cuando leas la descripción de cada una. Tener claro la rutina del miedo a la que recurrirás con mayor probabilidad te ayudará a verla de manera totalmente consciente. Si la entiendes es más difícil que se vuelva a repetir de forma inconsciente.

La rutina Perfeccionista

La rutina Perfeccionista se rige por el impulso de hacerlo todo mejor. Se da una insatisfacción crónica con los resultados, lo cual hace que el Perfeccionista sea crítico con todo lo que le rodea y se sienta irritado o incapaz de seguir el transcurrir de la vida porque no es perfecto. Las personas atrapadas en la rutina Perfeccionista suelen intentar superarse en múltiples áreas de su vida y ocultar imperfecciones fingiendo que todo está bien. Los Perfeccionistas harán más de lo que les toca para dar buena imagen o recibir la aprobación externa o, como no confían en que nadie hará las cosas según su propio criterio, a veces se sobrecargan de obligaciones y demarcarse estándares demasiado altos.

Los Perfeccionistas suelen pensar en sus propias críticas acerca de cómo ellos o los demás deberían haber hecho algo mejor. Puede que los Perfeccionistas se digan a sí mismos: «¿Por qué no detectaste ese error? Era obvio», o «¿Qué sentido tiene dejar que lo hagan ellos si no lo saben hacer bien?». Cuando suceden cosas que están fuera de su control, echarán la culpa y criticarán a los demás o bien a ellos mismos. Asumen demasiadas responsabilidades de manera sistemática, se sienten agobiados y exhaustos o tratan de mantenerse ocupados con un «punto de actividad máxima» en la que «se sienten a gusto» para tachar cosas de su lista de tareas. Sin embargo, en el punto máximo siempre aparece el agotamiento, el resentimiento por las obligaciones creadas o un sentimiento de que la diversión siempre es lo último. Las personas estancadas en esta rutina tienden a simular que no tienen problemas y que su vida es maravillosa. Pero suelen estar cansados, enfadados o sienten que no saben quiénes son o qué quieren.

Otras conductas de la rutina Perfeccionista pueden ser actuar de forma minuciosa en asuntos poco importantes o enfadarse de forma desproporcionada por pequeños problemas, trabajar demasiado, tratar de controlar y juzgar a los demás o a ellos mismos. El juicio puede variar entre pensar que son los mejores o compararse con los demás y pensar que no son lo suficientemente buenos. Puede que juzguen a sus semejantes diciéndose: «¿Pero por qué es capaz de hacerlo?». A veces, esas conductas se pueden convertir en el síndrome de las «chicas malas», junto con la rivalidad, los celos y el hecho de desvirtuar los logros de los demás. Dado que la aprobación alimenta esta rutina, la «recompensa» de ser alabado por los compañeros de trabajo o por los demás dificulta ver los beneficios de verse libre de un círculo en el que se actúa constantemente. Los Perfeccionistas pueden tener problemas a la hora de diferenciar los estándares altos que les ayudan a llevar una vida mejor y los que resulta agotador mantener.

El Saboteador

La característica del Saboteador es una incapacidad para mantener un progreso constante debido a un patrón de avanzar dos pasos y retroceder uno. Las personas que están estancadas en la rutina del Saboteador se encuentran constantemente saltando de una cosa a otra y les resulta difícil comprometerse. Puede que se entusiasmen con algo y que de repente se sientan atados de modo que les parece una obligación. Los demás comentan que no se aplican. El Saboteador tiende también a cambiar de casa, de trabajo y de relaciones con frecuencia.

Algunos lo llamarían el «síndrome del objeto brillante», referido a personas que son siempre seducidas por la novedad o por lo que tiene mejor aspecto. Tienen problemas con las responsabilidades, no terminan lo que empiezan y no se mueven lo suficiente para mantener algo. Abordan proyectos sin tener claro aspectos básicos porque o bien les parece que suponen demasiado trabajo o acabarán con su espontaneidad creativa. Dejan de intentar las cosas tan pronto como dejan de interesarles. Pueden crear el caos para agobiarse a sí mismos y así no tener que emprender acciones.

Una persona estancada en la rutina del Saboteador piensa en cómo evitar o deshacerse de compromisos que en un principio le entusiasmaron o interesaron pero ya no. Piensa: «Bueno, al menos he hecho algo, así que ahora puedo tomarme un descanso». Si bien todos necesitamos un tiempo de inactividad, estas personas empiezan a hacer cosas que revierten o minan el progreso que ya han hecho.

Gastan su dinero porque han ahorrado, abusan de la comida no saludable porque han hecho ejercicio o asumen demasiado trabajo en el momento en que empiezan a coger impulso. Se irritan con las personas que tratan de exigirles responsabilidades. Puede que para justificar su falta de esfuerzo en la dirección de sus sueños se digan a sí mismas: «¡Esta persona (que me exige responsabilidades) está siendo demasiado rígida y tiene que relajarse! ¡Ya lo haré a mi propio ritmo!». Se sienten abrumadas por los compromisos y es muy probable que utilicen frases como: «¡Voy a vivir según mis propias reglas!» o «Necesito tranquilidad y cuidarme» para justificar no esforzarse por seguir sus sueños.

Otros ejemplos de conductas del Saboteador son hacer esfuerzos minúsculos y esperar grandes recompensas, aguardar hasta el último minuto para lidiar con algo desagradable, disgustarse con otras personas que esperan que cumpla con lo que dice que va a hacer o no tomarse el tiempo de poner las cosas en su sitio para conseguir el éxito a largo plazo. Los Saboteadores que tratan de desengancharse de esta rutina suelen encontrarse a sí mismos luchando para confiar en sus instintos, o puede que les resulte muy difícil diferenciar entre dejar algo porque no es bueno para ellos y dejarlo porque la rutina les ha atrapado de nuevo.

La rutina del Mártir

La rutina del Mártir se identifica cuando vemos a alguien que se sacrifica y complace a los demás sin cesar. Ha permitido que su vida se centre tanto en servirlos que no tienen tiempo para perseguir sus propios sueños y deseos. Utiliza sus obligaciones autoimpuestas como la razón por la que es imposible conseguir cuanto desearían. Una persona que manifiesta la rutina del Mártir incluso podría dotar de dinero u otros recursos a sus hijos adultos o amigos que son capaces de cuidarse solos, o a personas que deben sufrir las consecuencias de su comportamiento por su propio bien. Por ejemplo, un padre que interviene para proporcionar a su hijo adulto un lugar en el que vivir después de haber agotado su tarjeta de crédito y no poder pagar el alquiler sería considerado un Mártir. Los Mártires justifican este tipo de conducta diciéndose: «¿Qué otra cosa podía hacer? Tenía que intervenir. Nadie puede amarle, cuidarle tanto como yo». Se agobian acumulando obligaciones que creen que tienen con los demás, sin dejar tiempo para sus propios deseos.

Las personas estancadas en esta rutina probablemente desean en secreto que se las reconozca sus buenas acciones y altruismo, por todo lo que han sacrificado o ser aceptadas por los demás. Piensan que es su obligación proteger a los suyos de las consecuencias de sus malas decisiones. Cuando prestan más atención a las necesidades de otro, se dicen, por ejemplo: «No podía sacar tiempo para mí mismo puesto que me necesitaba», o «Tuve que intervenir o esa persona iba a sufrir» (dicho de otro modo, alguien iba a experimentar la consecuencia natural de sus malas decisiones). Otras veces, los Mártires se dicen que no podrían soportar que alguien se enfadara con ellos y por eso tuvieron que cuidarlo.

Otros ejemplos de conducta del Mártir son decir que incluso cuando en verdad quiere decir no complacen a las personas y se preocupan en exceso por lo que piensen los demás. Los Mártires se pueden disgustar (normalmente con poco resentimiento) cuando los demás no ven o no reconocen lo que hacen, lo cual les hará sentir que no son valorados. Tienden a sacrificarse hasta decir basta, como la madre que no concierta una cita con el médico para ella porque es incompatible con la actividad extraescolar de su hijo, la cual podría saltarse o posponer fácilmente, o podrían dejar que los demás tomaran la decisión pero después decir: «Bueno, todo el mundo quería una cosa diferente, así que no me parecía bien cambiar nuestros planes». Los Mártires que empiezan a desengancharse de esta rutina suelen notar que se sienten confundidos acerca de la diferencia entre actos de bondad por los demás y el tipo de sacrificio que los debilita.

La rutina del Pesimista

Mientras que los Mártires piensan que las cosas que quieren no son posibles por culpa de sus obligaciones autoimpuestas con otras personas, alguien estancado en la rutina Pesimista básicamente cree que las cosas no saldrán bien porque nada le sale bien, y ésta se convierte en la razón para no actuar o asumir responsabilidades.

La típica frase que podría decir un Pesimista a la hora de considerar nuevas posibilidades es: «Estaría bien, pero no sucederá nunca». Si le preguntas a alguien atrapado en un estado mental Pesimista qué le gustaría cambiar, probablemente recurriría al sarcasmo: «Bueno, sería fantástico si no tuviera que trabajar y pudiera pasarme el día en la piscina. Estoy seguro de que eso sucederá justo después de haber ganado la lotería, ¿verdad?». Puede que tal vez la persona ni siquiera se involucre en la pregunta: «¿Qué sentido tiene decir lo que quiero? No tengo tiempo para eso».

Los Pesimistas insistirán en que no es posible cambiar nada y que las oportunidades de cambio no existen. Puede que se molesten con cualquiera que sugiera lo contrario o que aporte soluciones válidas a los problemas. Insisten en su propia incapacidad incluso cuando son muy capaces. Existe una especie de desesperación inútil en relación a sus sueños. No es una depresión clínica, sino más bien un encogimiento de hombros ante la idea de que podrían alcanzar un gran y audaz sueño («Claro, sería maravilloso pero ¿quién pagaría las facturas?»). En otras ocasiones, la rutina Pesimista aparecerá como un rechazo a pedir perdón o a admitir haber hecho algo mal porque el Pesimista sólo se da cuenta del daño que le ha hecho a él otra persona.

Un Pesimista ve el mundo bajo el prisma de la duda y se consume ante la idea de que algo es injusto o porque alguien con poder intenta jugársela a otra persona (por ejemplo, puede pensar que su suegra trata de fastidiar a la familia, que las empresas de suministros quieren engañar a sus clientes con las facturas o que la profesora le tiene manía a un alumno).

Si bien los abusos y las injusticias sociales son reales, cuando las personas quedan atrapadas en una rutina Pesimista no piensan en ello desde la perspectiva de cómo dar voz a las víctimas de las injusticias sociales o cambiar algo. Sólo se concentran en cómo la vida les ha escogido para sufrir e insisten en que no pueden hacer nada al respecto incluso cuando existen opciones. Los Pesimistas dicen cosas como: «Si yo no me cuidara no lo haría nadie», o «Por mucho que me esfuerce nunca me salen bien las cosas», o «¿Para qué preocuparme? Nada cambiará». A veces la pagan con quienes les rodean: «Nunca haces esto [aquello que deberías estar haciendo] y yo siempre tengo que hacer lo otro [aquello que no quiero hacer, como consecuencia])».

Otros ejemplos de conducta Pesimista son sentir un ligero resentimiento o enfado sin hacer nada respecto al problema, enviar correos electrónicos o hacer comentarios pasivo-agresivos, señalar las diferentes maneras en que alguien ha actuado de forma improcedente sin responsabilizarse de los propios errores o señalar las diferentes maneras en que algo debería cambiar, pero sin emprender acciones para ello (por ejemplo, tal vez odien su trabajo pero no se esfuerzan por buscar otro para lo cual siempre hay un motivo: «¡Nunca encontraría otro trabajo! No hay dinero ni tiempo». Después, si se presenta una oportunidad, se justifican: «Bueno, no es el momento adecuado», o «Tendría que mudarme»).

Alguien que trate de abandonar la rutina Pesimista a menudo luchará para ver posibilidades y lo que es capaz de crear aunque circunstancias como la falta de dinero o de tiempo sean factores importantes.

¿Cuál es tu rutina predominante? Primero, tómate un tiempo para aclarar a qué rutina recurres. Una vez más, es maravilloso percibir cómo aplicamos partes de otras rutinas; no siempre encajamos sólo en una de ellas.

A veces experimentamos el miedo de forma distinta dependiendo del contexto. En una situación en la que sientes que «no eres lo suficientemente bueno» puede que recurras a la rutina Perfeccionista, que se basa en esforzarse y demostrar tu valía. Cuando llegue a ser agotador, tal vez pases a la rutina del Saboteador, que te dice que corras en la dirección opuesta: «Tómatelo con calma; no te preocupes por eso ahora». Es posible que con tu familia seas más bien un Mártir y con tu trabajo tal vez tengas un estado mental más Pesimista.

Seguir adelante

Las cosas se ponen emocionantes cuando la gente conoce cuáles son sus rutinas del miedo. Soy consciente de que puede que «emocionante» no sea la primera palabra que te venga a la mente, pero hazme caso. Las cosas se ponen emocionantes en este momento porque ahora cuentas con unas cuantas piezas esenciales para embarcarte en este viaje.

Saber a qué rutina del miedo recurres te permite dejar de vivir en modo piloto automático desde un lugar basado en el miedo y empezar a desenredarte del «patrón de miedo» general de señal, rutina y recompensa. La vida siempre tendrá sus señales, pero si puedes cambiar la parte de la rutina podrás cambiar todo el patrón. Imagina cómo sería la vida si empezaras a moverte en la dirección que te señala tu yo más valeroso, percibieras una antigua rutina como la del Mártir o el Perfeccionista y te dieras cuenta de que podrías actuar de una manera distinta. Aquí es donde las cosas tienen un poder inmenso para cambiar a mejor.

En los siguientes capítulos, aprenderás a aplicar cada parte del proceso del Hábito del Coraje y a crear ese yo más valeroso que has definido en el primer capítulo. Examinarás tus propias rutinas del miedo y adaptarás cada paso del Hábito del Coraje para que tu rutina no funcione del modo en que está acostumbrada a hacerlo. ¡El cambio te espera! Prepárate: las cosas van a cambiar ¡y será magnífico!

Capítulo 3

Acceder al cuerpo

A menudo vemos en las películas o en la televisión a personas que toman una gran decisión, tal vez para estar con la persona amada o para no tolerar jamás el maltrato de otra, y lo hacen sencillamente tomando medidas. Saben lo que hay que hacer, así que se ponen a ello de inmediato. Siguen a su corazón o hacen una gran declaración y después dejan atrás de forma lógica las dudas que antes les retenían.

Debería ser sencillo, ¿verdad? Pues no lo es. El miedo no es lógico y el cambio es un proceso. Nuestros viejos patrones pueden manifestarse de forma inconsciente aun «sabiendo lo que tenemos que hacer». Por ejemplo, en la Introducción, he explicado cómo supe que quería dejar mi trabajo y aun así, en épocas de incertidumbre, ansiaba una pizca de lo que me resultaba familiar, como el reconocimiento que obtenía de mis compañeros. Asumía trabajo extra para sentirme mejor, lo cual me distraía y no me permitía invertir tiempo en seguir mi nuevo camino. No abandonamos las viejas conductas de la noche a la mañana. Necesitamos cierto tiempo para desprogramar nuestros ganglios basales y el impulso del bucle señal, rutina y recompensa. Podemos saber de forma lógica que queremos cambiar para vivir del modo en que lo haría nuestro yo más valeroso; sin embargo, el sentimiento de miedo puede ser tan paralizante que volvemos a escoger las cosas que no funcionan pero que conocemos y nos resultan familiares. Por eso ayuda tanto conocer cómo son las sensaciones de miedo para ti. Cuando sintonices con el hecho de que el miedo existe y se manifiesta como una sensación en tu cuerpo, tendrás el poder de ser consciente y percibir cuándo está ahí. Para cambiar la rutina del miedo, tienes que ser consciente del sentimiento que te produce y contar con maneras de manejar lo que sientes. Por eso yo llamo al primer paso del Hábito del Coraje «acceder al cuerpo».

Mi primera incursión para ello fue durante aquellas vacaciones de Navidad en las que sintonicé con mi cuerpo y me di cuenta de que la pequeña sensación de malestar que había sentido era, para mi sorpresa, miedo. Sin embargo, no conocí el poder de acceder al cuerpo como una práctica regular hasta que estuve en el Green Gulch Zen Center, ubicado en un valle apartado en Marin County, en las afueras de San Francisco. En aquel entonces había escogido Green Gulch por razones prácticas: necesitaba pasar fuera un fin de semana, era tranquilo y como no había wifi no caería en la tentación de leer mis correos del trabajo. La meditación no me interesaba porque me hacía sentir que estaba un poco loca, como si todas las voces críticas dentro de mi cabeza hablaran a la vez. Sin embargo, decidí que mientras estuviera en Green Gulch sería una buena participante y le daría otra oportunidad a la meditación.

Para mi sorpresa, cuando me senté durante la primera sesión del día no sólo me relajé sino que, cuanto más tiempo permanecía sentada, con más claridad pensaba. Mis hombros estaban relajados y podía respirar más profundo. Cuanto más realizaba el simple acto de sentarme y respirar, era obvio que cualquier cosa que imaginaba como un problema enorme se transformaba en algo que podía manejar a la perfección si lo abordaba poco a poco. Dicho de otro modo, relajarme para respirar me apartó de mis miedos, preocupaciones y dudas, y me hizo sentir que podía lidiar con lo que surgiera.

Sí, ya sé que esto es lo que todo el mundo dice acerca de la meditación, el *mindfulness* y las prácticas de relajación. Empiezas por tratar de aliviar un poco de estrés y cuando te quieres dar cuenta estás escribiendo libros de autoayuda sobre el coraje y hablando de cosas como querer ser consciente. ¡Pero me enganché! Después de esa primera experiencia reveladora asistí a todas las sesiones prácticas diarias de Green Gulch durante toda mi estancia. La única manera de describir la experiencia que tuve en esa primera sesión sería decir que la relajación que ansiaba se deslizó en mi corazón y allí se quedó, haciéndome saber que permanecería allí siempre que la necesitara. Cuanto más meditaba, más calmada, despejada y alineada me sentía con mi yo más valeroso.

Sé que todo esto suena repetitivo y a que es muy bueno. ¿Meditar? Todos hemos oído hablar de ello, pero no hay palabras para expresar lo importante que es una práctica basada en el cuerpo para ayudarte a que los sentimientos de miedo dejen de paralizarte. Tras ese fin de semana, tenía la primera herramienta para impedir que esos impulsos en modo piloto automático de los ganglios basales me dominaran. La parte más difícil de cambiar un hábito basado en las emociones es no darse cuenta de que éste está sucediendo. Cuando trabajamos de manera regular con herramientas basadas en el cuerpo, tenemos la capacidad de ser conscientes de esos procesos automáticos para examinarlos. Cuando empecé a relajarme y respirar de manera regular en el trabajo, durante una conversación difícil o en cualquier momento en el que estaba a punto de retroceder y no tomar medidas para cambiar mi vida, fui capaz de percibir la sensación de miedo antes de entrar en mi rutina Perfeccionista. Éste es el proceso crítico que te capacitará para detener el mismo ciclo y evitar que se repita.

Prácticas como la meditación suelen requerir un tipo de atención particular para experimentar el llamado *mindfulness*. Se trata de relajarte para ser consciente del momento presente, todo lo que sientes en tu cuerpo y las ideas que cruzan por tu mente, y percibirlo todo sin juzgar. Las prácticas basadas en el *mindfulness* te ayudan a acceder al cuerpo para superar momentos desafiantes estando presente.

Acceder al cuerpo no es un juego, es una herramienta totalmente práctica y apoyada por la investigación. Son numerosos los estudios sobre los beneficios de cualquier tipo de práctica para relajarse y respirar, y muchos de ellos confirman que no es necesario adoptar una práctica formal de meditación para aprender a acceder al cuerpo, ni encontrar un gurú, acudir a un centro zen o seguir un ritual. Sólo necesitas maneras sencillas de acceder a tu cuerpo que te permitirán hacer una pausa antes de que el miedo crezca demasiado y de que tu rutina del miedo sea más difícil de controlar. En este capítulo aprenderás a relajarte de una manera sencilla y a usar tu cuerpo para superar sentimientos de miedo y practicar el coraje.

No puedes racionalizar el miedo

Es muy probable que a la hora de enfrentar tus miedos ya hayas intentado hablar contigo mismo sobre utilizar estrategias como recordarte que «los peores escenarios posibles no suelen ocurrir». O tal vez hayas probado los extremos de ignorar por completo esas voces temerosas o derribar internamente esos miedos diciéndoles que se callen y dejen de molestarte. Lo confieso: he probado todas esas estrategias, así que si te reconoces en ellas, no estás solo.

La cuestión es que, a corto plazo, estas estrategias pueden ser algo eficaces, lo cual nos hace pensar que son viables cuando hay una reducción temporal de estrés y sentimos ese golpe de «recompensa» en el ciclo de señal, rutina y recompensa. Sin embargo, a largo plazo, tratar de racionalizar tu miedo no funciona. Eso es debido a que no es lógico, sino primitivo.

¿Por qué no funciona la práctica de racionalizar tu miedo? Usar la lógica es un intento de controlar la señal, el miedo en sí, en lugar de cambiar la rutina. En los momentos en que usamos la lógica para tratar de detener nuestro miedo esperamos que ignorarlo, mandar a paseo a la inseguridad o hablar con nosotros mismos de lo que sentimos impida que el miedo se manifieste de verdad. Creemos que si encontramos una manera de rechazarlo en una fase temprana, en realidad, no tendremos que lidiar con él. Es una forma de tratar de evitar por completo la señal de que se va a desencadenar.

Lamentablemente, nadie puede organizar su vida de tal modo que esas señales nunca tengan lugar. ¡Así es la vida! Se complica y todo el mundo vive desafíos. Las personas más saludables y equilibradas del planeta que tienen una gran autoestima experimentan el miedo en momentos de inseguridad. Somos seres humanos con una experiencia humana y sentimos el miedo en el cuerpo, no sólo en la mente.

La cuestión es que no podemos vacunarnos contra las situaciones incómodas, desafiantes, aterradoras o inciertas de la vida, ni debemos hacerlo. Una vida saneada puede ser predecible, pero no es muy divertida. No es la vida que desearía tu yo más valeroso. Como el miedo va a aparecer, busquemos maneras de superarlo. Escoger acceder al cuerpo de forma consciente es una poderosa herramienta para adquirir conciencia y claridad justo en el momento en que estás a punto de entrar en una rutina del miedo por defecto. Las prácticas basadas en el *mindfulness* que aprenderás en este capítulo reducirán el impacto de las sensaciones de miedo en tu cuerpo y te aportarán una manera de pensar más clara acerca de tu siguiente paso valeroso.

Janelle

Janelle es madre de tres hijos y durante nuestra primera sesión, cuando le pregunté por qué quería empezar una orientación personal, dijo a modo de broma: «¡Es la única manera de mantener una conversación adulta durante el día!». Sus dos hijos mayores estaban en el colegio y el resto del tiempo permanecía en casa con su hijo de dos años mientras su marido trabajaba. Una niñera iba una vez cada dos semanas para vigilar al pequeño de dos años por la tarde. Cuando me dijo que estaba practicando la marcha rápida y hablando conmigo por teléfono a la vez, me di cuenta de que Janelle era la reina de la multitarea.

Cuando después de esa ligera charla le pregunté en qué quería centrarse en concreto, oí que su voz cambiaba y de repente empezó a llorar:

—Siempre estoy gritando a mis hijos –dijo respirando con fuerza mientras intentaba dejar de llorar–. Cada día cuando me despierto me digo que voy a parar, pero apenas una hora después de que mi marido se ha ido al trabajo lo vuelvo a hacer. Me irrita el caos que supone intentar salir por la puerta para ir al colegio, cómo se pelean mis hijos o desordenan algún cajón que acabo de ordenar. La mayor parte de los días me noto irascible con el pequeño, ¡y después me enfado tanto conmigo misma…!

—¿En qué punto te encuentras ahora mismo? –le pregunté–. ¿Puedes sentarte en un banco por un instante?

Sentí como si también yo pudiera percibir el peso que Janelle soportaba, luchando para encontrar la manera de lidiar con las necesidades de sus tres niños y cómo se juzgaba a sí misma por no hacerlo del modo que había planeado. Sin embargo, para mi sorpresa, su voz volvió a cambiar pero esta vez para recomponerse rápidamente.

—No –dijo–, no tengo tiempo. Tengo que entrenar. No quiero gastarme el dinero que le pago a la niñera y no cumplir con mis objetivos durante esta hora. Sólo necesito algunas estrategias para gestionar mi sensación de agobio.

Los deseos de Janelle por darse prisa y llegar a la estrategia, la lista de acciones para sus problemas, eran comprensibles. Después de todo, ser madre de tres niños no es un camino de rosas. Aun así, tenía que darle una mala noticia.

—Puede que mi enfoque sea un poco más lento de lo que esperas –le dije–. Pero creo que si nos tomamos el tiempo para ver con totalidad lo que está pasando, hay unas acciones específicas que te pueden ayudar. ¿Te parece bien?

Janelle accedió a intentarlo, lo cual sabía que era un comienzo. Mientras hablábamos sobre cómo percibía su cotidianidad, sospeché que parte de los motivos por los que se sentía sobrepasada e irritada era porque sus sentimientos estaban buscando una vía de escape. Paradójicamente, si trataba de reprimir sus sentimientos y ocultarlos, la presión por liberarlos aumentaba y éstos no cesaban de «filtrarse» mediante pequeñas acciones como gritar a sus hijos.

—¿Quién serías y qué tipo de vida tendrías si no te sintieras sobrepasada? –le pregunté con la intención de iniciar una conversación que pudiera llevar a Janelle a expresar cómo sería su yo más valeroso.

—Sería una madre tranquila y relajada –dijo Janelle, y empezó a reír–. Suena un poco estúpido.

—No. Suena como el deseo de todas las madres con las que he hablado, yo misma incluida –dije riéndome con ella–. Vamos a profundizar. ¿Quién serías si fueras la "madre tranquila y relajada"?

—Supongo que la persona que siempre había pensado que sería antes de quedarme embarazada. Trabajaba en un proyecto para la subvención de las artes. Solía conseguir entradas gratis para diferentes espectáculos porque mi trabajo era supervisarlos antes de aprobar la subvención. Estaba conectada con todas esas culturas artísticas y hablábamos de arte todo el día –dijo, de nuevo con ligereza en la voz–. Creía que sería una madre diferente, no como las que pierden los nervios por cualquier cosa. Pensaba que me colgaría mi mochila portabebés, que caminaría por la galería con una copa de vino y que la gente me alabaría mientras yo llevaba a cabo mi papel de madre trabajadora. Pero cuando tuve mi primer hijo estaba demasiado cansada para volver a trabajar. Entonces me quedé embarazada del segundo y, cuando nació, mi marido dejó de trabajar por un tiempo. Habría sido imposible permitirnos pagar una guardería, así que ni me lo planteé. Después decidimos tener un tercer hijo y mi marido está trabajando de nuevo, pero yo nunca he pensado en volver a hacerlo.

—Muy bien, ¿entonces quieres volver a trabajar? –le pregunté.

—No, naturalmente que no –respondió Janelle de inmediato–. ¿Quién iba a hacerse cargo? No sé cómo saldríamos adelante si también yo trabajara. Alguien tiene que llevar la casa, ya sabes: emparejar los calcetines o acordarse de comprar las verduras que, después de todo, mis hijos no se comerán. Nadie se da cuenta. Tampoco sé cómo gestionaría el estrés que me supondría trabajar otra vez.

Mientras seguíamos tratando de clarificar lo que desearía su yo más valeroso, Janelle insistía en sus deseos de ser una madre maravillosa. Naturalmente, tenía sentido que ser una madre maravillosa fuera importante para ella, pero había algo en el modo en que lo mencionaba de una forma tan repetitiva. ¿Qué había fuera de ese rol? Incluso cuando hablaba de lo magnífico que sería volver al mundo de los espectáculos artísticos, sólo por diversión, añadía de inmediato que no podía quitar tiempo a sus hijos.

Según iba considerando el proceso de Janelle, podía ver cómo emergían los inicios de su bucle de señal, rutina y recompensa. La señal era la presión y el agobio de tratar de ser una madre dedicada las veinticuatro horas del día. Ella intentaba frenar la señal usando la lógica y buscando estrategias para gestionar su sensación de agobio, pero no era una solución a largo plazo. La rutina entraba en escena cuando el agobio (miedo, inseguridad y estrés) era demasiado y gritaba a sus hijos. Eso le proporcionaba un alivio momentáneo pero de inmediato aparecía la culpa. Le pedí que me hablara un poco más de eso.

—La culpa aparece bastante rápido –dijo Janelle–, pero hay un momento en que, justo después de gritar, mis hijos me escuchan de verdad durante cinco segundos. Dejan de quejarse o de pelearse y se quedan muy callados porque, ya sabes: «Mamá está enfadada, será mejor que nos portemos bien».

—Entonces, si vamos a cambiar esto, deberemos interrumpir el ciclo de señal, rutina y recompensa –le dije–. Y creo que incluso puedo tener alguna estrategia para ti, si te interesa.

—¡Oh, una estrategia! Me has convencido, explícame más –dijo Janelle de nuevo con voz ligera.

—Empezamos usando una herramienta o estrategia, si prefieres llamarla así, que es acceder al cuerpo. Existen muchas maneras para ello: puedes bailar, estirarte, correr, meditar o lo que quieras, pero normalmente recomiendo sólo tomarse unos minutos para respirar y percibir cualquier cosa que emerja.

Janelle se quedó callada por un momento y no estaba segura de si estaba reflexionando o pensando que yo tan sólo era otra orientadora de *new age*.

—Por si sirve de algo –añadí–, vendiéndolo un poco–, hay miles de estudios, todos fiables, que apoyan la idea de que este enfoque es útil.

—Muy bien, lo intentaré –dijo–, pero sólo porque no me has sugerido que me compre una vara de filósofo.

—Bueno, siempre espero hasta haber trabajado con alguien durante unos meses antes de empezar a hablar de varas de filósofo –dije siguiendo la broma.

Mi esperanza era que acceder al cuerpo sería un primer paso para ayudar a Janelle a ser más paciente consigo misma y con sus hijos, además de proporcionarle alguna percepción de lo que realmente quería para su vida, más allá de ser madre. Si estaba atrapada en la sensación de agobio le resultaría difícil hacer nada que no fuera repetir los mismos ciclos en los que había estado girando.

El examen del cuerpo

Acceder al cuerpo es la clave para percibir cuándo se desencadena el miedo. ¿Recuerdas a Eliana, que trataba de completar su máster mientras trabajaba a tiempo completo, hacía malabares con el estrés que le representaba ser la única mujer en su equipo y se bloqueaba tanto en los detalles que acababa sintiéndose todavía menos realizada? Identificar esa sensación de urgencia como miedo fue lo que le ayudó a ver el momento en que estaba a punto de perder el rumbo. En el capítulo dos, también te pedí que pensaras en tus propias sensaciones de miedo y cómo se manifestaban en tu cuerpo. Vuelve a mencionar esas sensaciones ahora. Cuando surge el miedo, la inseguridad, la duda o la preocupación en ti, ¿se manifiesta como una garganta tensa? ¿Incapacidad para concentrarte? ¿Irritación? ¿Manos sudorosas?

Prueba a pensar en algunas de esas sensaciones causadas por el miedo que identificaste y después tómate un momento para respirar. ¿Qué notas? Eso es todo lo que necesitas para empezar.

Janelle comenzó tomándose un tiempo para respirar y acceder a su cuerpo, y después hablamos sobre cómo realizar una práctica más profunda para acceder al cuerpo: el examen del cuerpo. Cuando trabajo con clientes, me he dado cuenta de que un examen del cuerpo es la manera más simple y sencilla de acceder a él porque se puede hacer en cualquier momento y lugar, y lleva menos de cinco minutos.

Funciona así: empieza por los pies. Pregúntale a tus pies: «¿Cómo estáis hoy? No os sintáis presionados, sólo es curiosidad». La ligereza de este enfoque es intencionada porque, cuanto más simple sea la práctica, más fácil será utilizarla. Naturalmente, no pasa nada si prefieres una pregunta diferente. Algunos de mis clientes han personalizado esta práctica con preguntas como: «¿Qué os gustaría que supiera?» o «¿Qué sentís como verdadero?». Después, pasa a las rodillas y hazles tu pregunta: «¿Cómo estáis hoy? No os sintáis presionadas, es sólo curiosidad». Sigue con los muslos. Dado que las mujeres reciben tantos condicionamientos negativos respecto a su peso, ésta puede ser una zona en la que resulte más difícil relajarse y permanecer desvinculado, pero observa lo que percibes. «¿Cómo estáis hoy? No os sintáis presionados, es sólo curiosidad». Pasa a la pelvis: «¿Cómo estás hoy?». Después al estómago: «¿Cómo estás hoy? No te sientas presionado, es sólo curiosidad». Desde ahí pasa al torso, a los hombros, al cuello y a la frente preguntando a cada uno lo mismo: «¿Cómo estás hoy?

Tómate un momento para probar este proceso. Activa el cronómetro en tu teléfono o reloj de cocina por dos o tres minutos, respira un poco y observa qué pasa. Permítete sentir curiosidad por lo que notes. No es necesario intentar cambiarlo; se trata sólo de percibir. Puede que notes una serie de sensaciones cuando estés realizando un examen del cuerpo y que las traduzcas en una gran variedad de emociones: curiosidad, calma, nerviosismo e incluso felicidad.

Para ayudar a que los clientes vean mejor el proceso de señal, rutina y recompensa aplicado a los patrones del miedo, trato de ayudarles también a reconocer sensaciones que puedan estar específicamente ligadas al miedo. Las más habituales son:

- Sensación de estómago revuelto acompañada de la idea de que «algo anda mal».

- Sensación de opresión en cualquier parte del cuerpo (haz unas cuantas respiraciones profundas cuando tengas esta sensación que indica que algo está pasando).

- Incapacidad para concentrarse.

- Sensación de quedarse paralizado; incapacidad repentina de aclarar la mente o de articular una repuesta.

- Percepción de que está surgiendo una sensación que no puedes describir con palabras.

Cuando emergen las sensaciones del miedo, probablemente querrás suprimirlas, disociarte de ellas o distraerte pensando en otra cosa. Te ayudaré a aprender cómo «colocar un contenedor» alrededor de esos sentimientos más adelante en este mismo capítulo. Por ahora, sólo quiero señalar que cuanto más dispuesto estés a pasar tiempo con sensaciones de miedo en el cuerpo durante un ejercicio corto, más preparado estarás para enfrentarte al miedo cuando corras los riesgos intrépidos y osados que identificaste como parte de tu camino hacia tu yo más valeroso. Si quieres más ayuda para completar el ejercicio del examen del cuerpo, visita la página web: www.yourcorageouslife.com/courage-habit para una meditación guiada.

El examen del cuerpo que sugiero aquí es sólo una manera de acceder a él. No es necesariamente la única o la que al final será la tuya. La cuestión, una vez más, es encontrar un modo de acceder al cuerpo para que cuando surjan las sensaciones basadas en el miedo puedas sentirlas sin ser arrastrado a una antigua rutina del miedo y que puedas continuar en la dirección de tus deseos más profundos.

Si el examen del cuerpo no te funciona después de intentarlo durante un rato, o si quieres probar otra forma de conectar con tu cuerpo y con lo que sientes, existen otras opciones.

- Prueba a preguntar a las diferentes partes de tu cuerpo algo como: «¿Qué necesitas?» o «¿Qué te gustaría que supiera?», y observa si surge alguna respuesta distinta.

- Baila. Conecta Spotify, YouTube o Pandora si no tienes una lista de reproducción favorita guardada en otro sitio. Selecciona el modo de reproducción aleatorio y baila en casa tú solo. Escoge diferentes estilos de canciones en días diferentes. Puede que un día James Brown te haga sentir vivo y formidable; tal vez otro día el Cuarteto n.º 2 de Dustin O'Halloran te haga llorar o que una sonata para piano de Chopin te deje pensativo. Mueve el cuerpo al ritmo de la música pongas lo que pongas.

- Corre. Algunas personas odian correr porque es muy difícil. A mí me encanta porque es tan difícil que mi cerebro deja de parlotear y toda mi concentración y mi presencia se concentra en mi cuerpo y mi respiración. Puede que la tuya también.

- Yoga. Si en algún momento has sentido que el yoga no es para ti, sigue buscando. Hay muchos estilos diferentes de yoga, e incluso dentro de un mismo estilo hay diferentes instructores que añaden su propio toque. Yo asistía a clases de yoga de manera irregular hasta que descubrí el Vinyasa flow.

  A mi mejor amiga, Valerie, le encantan las clases lentas y metódicas del yoga Iyengar. A otra amiga mía le interesa el yoga Bikram, que tanto hace sudar.

- Estiramientos. ¿Quién ha dicho que tiene que ser yoga sí o sí? Siéntate en el suelo con ropa cómoda y estira las piernas. Haz círculos con los tobillos. Estira los brazos por encima de la cabeza. Respira.

- Sexo o autosatisfacción. Es contemplativo y si accedes al cuerpo mientras lo practicas también cuenta. ¡Disfruta!

- Hacer senderismo o caminar. Escoge una ruta en el campo o la ciudad. Camina durante un tiempo establecido mientras vuelves de forma continua a tu respiración y percibes qué está pasando en tu cuerpo.

- Visualización. Cierra los ojos e imagínate feliz y radiante. Visualiza tu vida con detalles vívidos, dedicándote a lo que amas, rebosante de salud, en contacto con los mejores amigos, enamorado de tu pareja, y demás.

Hagas lo que hagas, tu enfoque para acceder al cuerpo debe ser pequeño y viable además de no necesitar más de cinco minutos para hacerlo. Presta atención a lo que sientes y a lo que surge, y toma unas cuantas notas. Como averiguó Janelle al poco tiempo, incluso con un duro comienzo, acceder al cuerpo aporta más entendimiento con el tiempo.

Acceder al cuerpo en busca de enfoques

Tras unas semanas trabajando juntas, Janelle había solidificado unas cuantas partes críticas del proceso de orientación. Había decidido que su Enfoque Primario incluía «asistir a eventos artísticos» y «sentirse como una madre relajada». Todavía tenía mi propia idea de que podía haber algo más, pero sabía que definirlo todo y encontrar tiempo para nuestras sesiones suponía mucho esfuerzo para Janelle. También determinamos que su rutina del miedo primaria era la del Mártir. «Culpable del delito», dijo Janelle el día que hablamos de esa rutina.

—Sin ir más lejos, a mi hijo le dio una rabieta cuando trataba de irme para dar mi paseo y charlar contigo, así que ¿te imaginas quién cedió y le puso en el cochecito estando la niñera en casa?

Sólo había un área donde las cosas no iban bien: acceder al cuerpo. Los exámenes corporales, según Janelle, eran un fracaso total y le provocaban más estrés en lugar de disminuirlo. Odiaba que emergieran sensaciones de miedo incómodas, aunque lógicamente entendía que si no estaba dispuesta a trabajar con ellas las cosas no cambiarían en un futuro cercano.

—En vez de relajarme me siento más disgustada –me informó tras otra semana durante la cual se había resistido ante cualquier tipo de práctica basada en el cuerpo entre sesiones–. Noto esa sensación en la boca del estómago y entonces me irrito porque estoy usando el poco tiempo que tengo cada día para hacer un ejercicio de respiración cuando en casa hay decenas de cosas por recoger.

Me alegró que Janelle expresara sus objeciones de manera tan honesta. ¡Yo no hubiera querido seguir haciendo algo que me provocara más estrés en lugar de quitármelo! Aun así, también sabía que todo el mundo quiere evitar esta parte de trabajar con su miedo, la parte en la que necesitan sentirlo en lugar de evitarlo. El momento en que ayudo a alguien a examinar sus miedos es siempre un desafío porque tenemos que navegar por esa fina línea entre forzar y apresurar el proceso. Además, no queremos evitarlo porque sencillamente sea incómodo. Le pregunté a Janelle si estaba abierta a intentar trabajar para acceder al cuerpo allí mismo, por teléfono, de una manera más guiada con apoyo, y aceptó.

—Ponle voz a esa sensación o sentimiento en tu estómago. ¿Qué te dice? –le pregunté.

Lo que Janelle me contó a continuación se convirtió en el enfoque que conformaría nuestro trabajo de orientación en los meses siguientes. Desentrañó un ciclo de estrés del que le había sido imposible salir desde que se convirtió en madre y ése fue el catalizador para reclamar el trabajo en el mundo del arte que amaba y que había añorado durante tantos años.

Janelle respiró profundamente.

—Dice: «No estás siendo una buena madre».

«No estás siendo una buena madre». Ése era el miedo al que Janelle no había querido mirar. Este miedo que tenía el control entre bastidores, la conducía a sacrificarse todavía más a través de la rutina del Mártir y la estaba agotando. Si evitaba acceder al cuerpo, no era necesario sentir ese miedo ni esa desazón por pensar que tal vez no estaba siendo una buena madre.

—Vamos a desentrañar esto un poco –sugerí–. Según tú, ¿qué hacen las buenas madres?

Janelle enumeró con rapidez una lista de cosas con las que hacía malabares constantemente: llevar a sus hijos al colegio y a actividades deportivas, negociar con sus discrepancias, intentar mantener la casa limpia, darles a cada uno su tiempo con ella a solas, planificar las comidas, hacer la compra… Se sentía empujada por la idea de que tenía que ser una buena madre y a la vez experimentaba resentimiento hacia esas exigencias, pero era difícil admitir ese sentimiento.

—A veces incluso pienso: «¿Han tenido los niños tiempo de socializar y de juego independiente de forma equilibrada? Así que cuando no estoy disgustada conmigo misma por no pasar suficiente tiempo con ellos, me preocupa que no disfruten del tiempo adecuado para jugar solos –me dijo.

Janelle empezaba a ver cómo el miedo a no ser una buena madre la estaba precipitando a la sobreprotección. Trataba de salvar a sus hijos de cualquier sentimiento de decepción intentando gestionarlo todo por ellos. Aunque era consciente de que eso no les aportaría nada bueno a la larga, su miedo a menudo la obligaba a intervenir, hacer sugerencias o interrumpir sus juegos sólo para comprobar si la necesitaban. A veces reparaba en que ni siquiera se había dado cuenta de que estaba interviniendo hasta que había terminado de ordenar la habitación que había pedido a sus dos hijos mayores que ordenaran ellos mismos. ¿Por qué hacía eso? Parte de ello era el condicionamiento social que pone un alto precio a lo que implica ser considerada «una buena madre»; otra parte era el modo en que Janelle había sido educada y el modelo maternal con el que había crecido y, otra parte, eran las propias tendencias mártires de Janelle, las cuales eran anteriores a su vida como madre.

Por último, decidió tomarse en serio practicar para acceder al cuerpo. Al principio, sólo se relajaba lo suficiente como para percibir lo que ocurría, reconocer sus sensaciones de miedo y los impulsos ligados a ellas para intervenir en la vida de sus hijos. Más tarde, empezó a reprimirse a la hora de gestionar constantemente y practicaba el acceso al cuerpo para superar los momentos en los que sus hijos se adaptaban a la nueva madre que emergía. Esta nueva madre no recogía enseguida lo que habían desordenado ni les daba siempre lo que querían.

Tomarse una pausa para respirar evitaba que Janelle funcionara como una madre en modo piloto automático y, a medida que empezaba a eliminar parte de su agobio, se preguntaba qué quería de verdad aparte de ser madre.

Entonces estuvo preparada para dar esos primeros pasos para volver al mundo del arte y asistir a eventos relacionados con las artes. Este hecho le hizo sentirse más tranquila y ser más paciente. También descubrió fisuras en su matrimonio que no había querido ver hasta entonces. Meterse de lleno en su papel de madre le había distraído de ello. Janelle usaba la práctica de acceder al cuerpo para dirigir las conversaciones duras y honestas que debía tener con su marido acerca del reparto de responsabilidades en su hogar, cómo querían educar a sus hijos y cómo podrían volver a conectar como pareja. Aquéllos fueron unos momentos turbulentos, pero a la larga fue positivo para toda la familia puesto que Janelle volvió a conectar con quien era ella y eso se reflejó en cómo vivía su vida cotidiana.

Cuando empezamos a trabajar juntas, la rutina de señal, rutina y recompensa de Janelle era la siguiente:

Señal: Las exigencias y los sacrificios de ser una madre que cumplía con las expectativas sociales y la sensación abrumadora que le acompañaba. El miedo a no ser una buena madre, que en su caso surgía en cualquier momento en que se permitía pensar en perseguir sus propios intereses.

Rutina (Mártir): Janelle entró en esta rutina en modo de piloto automático y le impedía intervenir en lo que de verdad quería: reconectar con sus propias pasiones creativas y volver al mundo laboral.

Recompensa: Un descenso de la ansiedad a corto plazo, pero se sentía sobrepasada a largo plazo de nuevo y la sensación de que no hacía lo que le entusiasmaba de verdad.

Después de trabajar juntas durante unos meses, su bucle de señal, rutina y recompensa era éste:

Señal: Las exigencias de ser madre y sentirse sobrepasada, y el miedo de no ser una buena madre.

Rutina: La nueva rutina que Janelle estaba desarrollando se basaba en los pasos del Hábito del Coraje. Accedía al cuerpo para relajarse y saber realmente lo que sentía. Más adelante, añadió los otros pasos del Hábito del Coraje escuchando lo que decía su miedo pero sin sentirse apegada a él y después reformulando las historias basadas en el miedo: «No seré una buena madre si trabajo; sería egoísta si escogiera ser una madre trabajadora; mi marido y los niños me necesitan demasiado». También empezó a establecer más conexiones con otras madres y a pedir ayuda si la necesitaba.

Recompensa: Sentirse menos sobrepasada y más capaz de percibir las sensaciones de miedo que propulsaban su rutina de Mártir. Esto le permitió abandonar esa rutina del miedo y empezar a crear opciones más alineadas con lo que realmente quería para su vida.

Poner un contenedor alrededor de la experiencia

Recordemos que cuando Janelle empezó a involucrarse en acceder al cuerpo, en un principio no le gustaba el proceso porque sacaba a la luz cosas que prefería ignorar y no le proporcionaba alivio alguno. Ésta es una experiencia muy común. ¿Quién quiere hacer algo que inicialmente saca a la luz cosas desagradables? Otras personas se resisten a esta práctica porque les preocupa enfrentarse a emociones fuertes si realizan un examen del cuerpo. Si te das cuenta de que estás triste, enfadado o que la vida en general «apesta» después de examinar tu cuerpo, ¿qué haces con esas emociones fuertes? Si te mantienes en estados negativos durante largos períodos de tiempo, sólo conseguirás que te agoten. Entonces, ¿qué hacer?

Aquí es donde acostumbro a introducir el concepto de «poner un contenedor alrededor de la experiencia». Imagina un contenedor y que en su interior hay una maraña de cosas pero, como sus paredes están ahí, las cosas no se desparraman por fuera creando un peligro en cualquier parte. Este concepto te anima a que te concedas el espacio que necesitas para sentir la cruda verdad de lo que sientes y de los límites necesarios para evitar que esos sentimientos te dominen. Aquí tienes sólo algunos ejemplos de maneras de «poner un contenedor alrededor» de la experiencia de acceder al cuerpo si te preocupa que surjan emociones fuertes:

- Pon una alarma en otra habitación para que tengas que interrumpir lo que estés sintiendo para apagarla cuando empiece a sonar. Esto crea al espacio para estar plenamente con cualquier sensación negativa que surja con la seguridad de saber que habrá una interrupción que impedirá que pases demasiado tiempo en ese espacio.

- Dile a un amigo lo que vas a hacer y envíale un mensaje pidiéndole que te llame a una hora en concreto. La llamada posibilitará la interrupción y también puede servir para comprobar cómo te sientes.

- Busca a un amigo que sea un buen «desahogo». Es justo lo que parece: una persona determinada que permanezca ahí mientras te desahogas. Te escucharé si necesitas gritar, llorar o enfadarte, dejando claro que pase lo que pase en esos momentos no eres quien eres de verdad, tan sólo se trata de un mero ejercicio para liberar sentimientos.

- Comprométete a salir de casa y dar un paseo inmediatamente después de acceder al cuerpo. Tener algo que hacer tan pronto como termines aliviará la preocupación de que los sentimientos sean demasiado abrumadores.

- Trabaja con ejercicios para acceder al cuerpo con un terapeuta, consejero somático u orientador que haga hincapié en el trabajo basado en el cuerpo.

Otra cosa a tener en cuenta es que, aunque a menudo tememos las emociones fuertes, y por eso nos resistimos a las prácticas basadas en el cuerpo, ¡no son las únicas que pueden salir a la luz! ¿Y si las emociones positivas forman parte de este proceso y acceder al cuerpo es una experiencia estimulante? ¿Y si te dieras cuenta de que te sientes increíblemente feliz? ¿O eufórico? ¿O agradecido? ¿Y si intentaras hacer un examen del cuerpo y repararas en que, sobre todo, te sientes curioso o sensual?

Nunca olvidaré haber trabajado con Lisa, quien siempre había huido de las prácticas basadas en el cuerpo porque sacaban a la luz sentimientos de tristeza extrema por la muerte de su madre cuando era una adolescente. Entendía sus dudas. ¿Quién quiere sentir tristeza y arriesgarse a quedar atrapado en ella? Sin embargo, también sabía que Lisa, al igual que el resto de nosotros, tenía sus propios ciclos de señal, rutina y recompensa que la dominarían si no era consciente de las primeras señales del miedo que surgían en su cuerpo.

—Bueno, ¿y si no tuvieras que llorar para acceder al cuerpo? —dije con el deseo de ayudar a Lisa a encontrar maneras de involucrarse en una práctica desagradable que la ponía al mando—. Ya sabes, puedes crear una práctica como ésta del modo que quieras; ocupas el asiento del conductor. Podrías bailar alegremente una canción cada día; tumbarte en el suelo con las piernas en alto y respirar profundamente o dar uno de tus paseos energizantes. Lo importante es que prestes atención a tu cuerpo mientras lo haces y después debes anotar algunas ideas acerca de lo que haya surgido; nada más. ¿Te gusta alguna de esas ideas?

A Lisa le atrajo la idea de bailar una canción al día y permitirse sentir cualquier sensación orgánica que surgiera durante esa canción. Se dio cuenta de que cuando se implicaba en esta práctica a veces lloraba pero, como se había comprometido a acceder al cuerpo sólo durante la duración de una canción, el final de ésta era su «contenedor» para un espacio emocional que de otro modo habría resultado ser caótico. Con el tiempo, le llegó a gustar tener este espacio con compartimentos para procesar su antiguo pesar sin acabar agotada.

Cuando accedemos al cuerpo, la mayoría de nosotros somos como Lisa. No siempre experimentamos momentos esclarecedores sobre nuestras vidas, pero veremos que cuando usamos esta práctica de manera regular salen a la superficie pequeñas ideas muy significativas. La práctica de acceder al cuerpo nos hace más conscientes para no caer en viejas rutinas y percibir sentimientos de miedo que puedan desestabilizar lo que estamos tratando de cambiar.

Da igual la estrategia que utilices, poner un contenedor alrededor de la experiencia de acceder al cuerpo y encontrarte con emociones negativas es muy simple. Te permites «ensuciarte» dentro del contenedor, llorar si lo deseas, decir tacos, golpear almohadas o quejarte en voz alta a las paredes de una habitación. Sin embargo, mantienes el compromiso de ir más allá del contenedor. Si tu límite es que cuando suene una alarma dejarás de quejarte, entonces tómatelo a rajatabla: para de quejarte. Si tu límite es que tras tomarte un tiempo para acceder al cuerpo saldrás de casa y darás un paseo, da ese paseo.

Con la práctica, comprobarás que puedes tener una gran variedad de capacidades para interactuar con las emociones negativas si colocas el contenedor adecuado. No es necesario que las evites ni que las aplastes. Existen límites que pueden proporcionarte la capacidad de sentir sin que ninguna emoción difícil se convierta en algo más grande.

Recuerda que nuestros miedos nos dicen que acceder al cuerpo será una experiencia puramente negativa que nos abrumará, pero no es así. Muchos de mis clientes se han dado cuenta de que acceder al cuerpo les pone en contacto con aspectos de sí mismos que son más lúdicos, se toman a ellos mismos menos en serio o que están más en contacto con su sensualidad o feminidad.

En este capítulo, he señalado que el miedo no es lógico; es una emoción primitiva y que tiene un gran impacto en nuestra vida cuando lo sentimos en nuestro cuerpo. La alegría tampoco es lógica; también es una emoción primitiva y tiene el mayor de los impactos en nuestra vida cuando la sentimos en el cuerpo. Puede que tu yo más valeroso continúe haciendo cosas audaces y fantásticas, pero será más feliz cuando te sientas audaz, valiente y capaz de crear la vida que deseas.

¿Qué es lo siguiente?

Ahora que ya sabes lo que conlleva, ¿qué vas a practicar cuando accedas al cuerpo? Si esperas a tomar una decisión comprometida para utilizar esta herramienta es menos probable que empieces a tomar medidas y acceder al cuerpo, y no avanzarás para hacer que tu vida valerosa se haga realidad. Sin embargo, si escoges acceder al cuerpo de un modo discreto durante sólo cinco minutos al día, obtendrás muchos beneficios. Llegarás a reconocer tu miedo y cómo ejerce el control, lo cual te proporciona el conocimiento que necesitas para estar presente y hacer elecciones alternativas.

Existe también un beneficio fundamental en el proceso del Hábito del Coraje: acceder al cuerpo creará más espacio para empezar a percibir lo que dicen las voces críticas interiores y su tendencia a avanzar sin control. Se trata de las voces interiores que te dicen cosas como: «No eres una buena madre», «No eres bueno en esto» o «La gente pensará que eres ridículo si intentas cambiar de profesión».

Cuando me enfrento a algo en mi vida que me intimida o me hace sentir vulnerable, ese crítico interno suele ser duro, estridente y a la vez condescendiente. Acceder al cuerpo relaja el sistema nervioso para que las sensaciones de miedo no se aceleren, entonces es el momento de hacer algo proactivo con esas voces internas basadas en el miedo. En el siguiente capítulo exploraremos la voz crítica que te detiene justo en el momento en que el cambio es más posible. En lugar de tratar de ignorar esa voz o hacer que desaparezca, te encontrarás con ella y aprenderás por qué aparece y, lo más importante, cómo dejar de permitirle que tenga tanto poder.

Capítulo 4

Escuchar sin apego

La primera vez que Taylor contactó conmigo para pedirme una sesión de orientación, me dijo que pensaba que sólo necesitaba un poco de ayuda para concentrarse. Me envió la dirección de la página web de su empresa junto con el correo electrónico en el que me hacía la consulta. Era fotógrafa y la fotografía del apartado «Sobre mí» de su página web mostraba a una mujer de cálidos ojos marrones y una amplia sonrisa. Acababa de pasar por una serie de cambios importantes. En un año, se había casado, había comprado una casa y había abandonado su trabajo en la banca para convertirse en fotógrafa de bodas autónoma.

El cambio estaba presente en todas las áreas de la vida de Taylor, quien luchaba contra la intensidad de todo aquello. Resultó que la ayuda para no perder la concentración era sólo una parte de lo que estaba sucediendo. Empezamos a trabajar juntas definiendo lo que Taylor quería realmente y comenzó a utilizar de inmediato la herramienta de acceder al cuerpo. Tras unas cuantas sesiones, había hecho algunas investigaciones sobre su rutina del miedo predominante.

—Pesimista –me informó después de haber hecho algunos ejercicios del Hábito del Coraje entre nuestras llamadas–. Odio admitirlo, pero es lo que veo. Cada vez que algo no va como la seda, sólo quiero dejarlo. Siento que es imposible. Si, por ejemplo, encontramos alguna reparación nueva que no constaba en el informe de la inspección cuando compramos la casa, quiero tirar la toalla de inmediato y digo que nunca deberíamos haber comprado esa casa. O si hablo con alguien sobre hacerle unas fotos y no me vuelve a llamar, sólo quiero colgar los guantes y ver la tele.

Cuando Taylor entraba en el estado mental del Pesimista, estaba segura de que no podía contar con que algo saliera bien y, como de todos modos nada saldría bien, era mejor ponerse a hacer otra cosa. Naturalmente, este estado mental sólo empeoraba las cosas, y cada vez que «colgaba los guantes» con una recompensa temporal de una maratón de *Anatomía de Grey*, se sentía mejor durante unas horas pero más tarde se mostraba estresada y decepcionada consigo misma por no haber continuado trabajando en su nuevo negocio.

Taylor había corrido un gran riesgo abandonando un empleo remunerado y metiéndose en una profesión que le entusiasmaba de veras (¡yo también me identifico en ese riesgo!). Si quería sentirse fuerte ante el cambio o progresar hacia su sueño de ser fotógrafa profesional, tendría que haber sido consciente de las veces en las que entraba en rutinas pesimistas, porque la estaban debilitando a cada paso.

Para hacer eso, nuestro trabajo empezó con el primer paso del Hábito del Coraje. Al pararse para acceder al cuerpo, Taylor empezó a reconocer las sensaciones de miedo que actuaban como señales, como una neblina mental temerosa le hacía sentir ansiedad y atropellarse al hablar cuando hablaba por teléfono con un cliente potencial. Acceder al cuerpo como práctica regular le ayudó a reconocer lo que estaba sucediendo en ese momento. También le ayudó a sentirse más centrada durante las llamadas con clientes.

Taylor hacía grandes avances en la dirección correcta, pero seguía luchando tras los fracasos. Notó algo a lo que no había prestado mucha atención antes: una voz interior persistente y crítica que siempre estaba ahí para decirle que no tenía lo necesario para dirigir un negocio: «Claro que ese cliente no te ha contratado. ¿Qué te hizo pensar que podías dirigir un negocio para empezar? Eres fotógrafa por hobby, no una profesional». Por más que Taylor intentaba aprovechar su cuerpo para hacer que esa voz desapareciera, ésta no callaba.

Taylor no es la única persona que se queda estancada cuando esa voz interior de crítica o pesimismo se manifiesta. Todos tenemos esas voces críticas interiores, y no me refiero a la esquizofrenia ni a los trastornos psicológicos. Son las voces interiorizadas de la crítica: culpa, juicio, subestimación, derrota, humillaciones y tendencia a minimizar o abandonar el progreso. Dicho de otra forma, es el modo en que nos hablamos a nosotros mismos cuando no nos sentimos capacitados o nos sentimos inferiores. Estas voces suelen ser semejantes a las de las personas que nos criaron, las de un grupo dominante que proyecta estereotipos sobre el género o la cultura de la que formamos parte o las de nuestras rutinas del miedo (por ejemplo, las voces críticas del Perfeccionista presionarán para conseguir más perfección, mientras que las del Pesimista dirán que no tiene sentido intentarlo). Yo denomino a estas voces interiorizadas el «Crítico interior» o simplemente el «Crítico» porque es un término neutro que etiqueta con objetividad lo que están haciendo esas voces.

¿Crees que no tienes un Crítico? Te insto a que lo reconsideres. Muy a menudo, la negación de la existencia del Crítico significa que éste ejerce incluso más poder sobre la vida de alguien. La doctora Brenè Brown, averiguó en su investigación sobre las experiencias de vergüenza de las personas que cuanto más trataba una persona de negar sentir vergüenza alguna, más vergüenza existía en su trabajo o en su vida. Después de trabajar directamente con cientos de clientes, participantes de retiros y de talleres durante más de una década, he llegado a la misma conclusión en cuanto a la negación del Crítico. Todo el mundo sin excepción tiene uno, incluso el individuo más seguro de sí mismo que conozcas. Cuanto más insisten las personas en que no tienen voces críticas o en que la controlan, más están dirigidas por ellas en círculos y ni siquiera se dan cuenta.

En el anterior capítulo, has aprendido el primer paso del Hábito del Coraje: acceder al cuerpo. Sabes cómo reconocer las sensaciones que pueden indicar una rutina del miedo. Con las prácticas basadas en el cuerpo que puedes usar cuando notas que el miedo o la inseguridad toman el control, te relajarás lo suficiente como para dar el siguiente paso del Hábito del Coraje: escuchar sin apego. En este capítulo aprenderás enfoques más efectivos para trabajar con esas voces críticas interiores en lugar de evitarlas o luchar contra ellas. Empezarás a relacionarte con tu Crítico Interior de una forma nueva que difuminará su capacidad para intimidarte justo cuando estás persiguiendo un gran sueño y sacando a la luz a tu yo más valeroso.

Muchas personas empiezan igual que Taylor, indiferentes ante sus voces críticas interiores, relegándolas al ruido de fondo de sus vidas hasta que dejan de notarlas. Cuando Taylor empezó a sintonizar con su cuerpo fue consciente de esa voz y entonces se dio cuenta de que necesitaba una forma nueva de responder a esa voz, en lugar de ignorarla o decirle que se esfumara. Es comprensible querer evitar a tu Crítico o decirle que desaparezca, ya que sintonizar con lo que dice es desafiante y estresante. Karen Horney, una psicóloga feminista pionera, planteó la teoría de que las personas responden al estrés de las relaciones tratando de cubrir sus necesidades de una de estas tres maneras: desapego, conformidad o agresión.

Intentamos sobrevivir a nuestras interacciones con el Crítico Interior de las mismas maneras. Yo lo llamo *evitar, complacer* y *atacar.* Cuando las personas *evitan* lidiar con su Crítico, como hacen los Saboteadores o los Pesimistas, intentan desconectarse de las palabras del Crítico. Puede que hagan esto mediante la procrastinación (posponer o racionalizar la espera antes de pasar a la acción), la distracción (mediante el trabajo excesivo, recurriendo al alcohol u otras sustancias químicas) o la resistencia a seguir hasta el final (como por ejemplo no utilizar herramientas que podrían ser de ayuda, como practicar el Hábito del Coraje de forma regular).

Complacer al Crítico, lo que es habitual en los Perfeccionistas y los Mártires, se traduce en esforzarse más por «hacerlo bien», sea lo que sea, para que el Crítico no tenga nada que decir. Por ejemplo, si el Crítico de un Perfeccionista dice que tiene que ser mejor, éste responde doblando su esfuerzo y siguiendo la lógica de que si es mejor el Crítico estará satisfecho. ¿Cuál es el problema? Que el

Crítico nunca está satisfecho. Los Mártires que quieren mantener la paz y que se reconozca su esfuerzo siguen el mismo camino de tratar de complacer al Crítico para que les deje en paz, pero obtienen el mismo resultado.

Atacar al Crítico consiste en discutir con él o responder a su voz de forma agresiva. Es defenderse con palabras como: «¿Y tú qué sabrás?» o «Cierra el pico» o «Que te jodan». En esta categoría entrarían los gráficos de Pinterest con mensajes como: «Hoy es el día en que le doy una patada en el culo al miedo». Casi todo el mundo tiene al menos un momento en el que tratan de atacar al Crítico cuando sienten que han llegado al límite del abuso interno. Si bien defenderte puede proporcionarte una sensación de sentirte más poderoso o de tenerlo todo bajo control, es también básicamente agotador e inútil. Al fin y al cabo, decirle a tu Crítico que se esfume no va a hacer que desaparezca para siempre, ¿verdad? En lugar de repetir cosas que hemos hecho con anterioridad y que sólo nos ayudan temporalmente, necesitamos encontrar nuevas formas de relacionarnos con el Crítico que van más allá de devolverle el ataque y entablar una batalla.

Comencemos el proceso considerando cómo has respondido a tu Crítico. ¿Qué es lo que haces más a menudo? ¿Tienes tendencia a evitarlo, complacerlo o empujarlo? ¿Encuentras alguna prueba concreta de que evitar, complacer o atacar sea una estrategia efectiva o sostenible para el resto de tu vida? Utiliza el paso del Hábito del Coraje de acceder al cuerpo para hacer una pausa de verdad, respirar y contestar con sinceridad estas preguntas.

Si la idea de estar en conflicto con esta voz crítica durante el resto de tu vida te parece agotadora o poco atractiva, tengo buenas noticias. Aprender a escuchar al Crítico sin apego puede ser el punto de inflexión. Cuando te sientas atraído hacia los miedos del Crítico, relajarte para escuchar sin apego te prepara para sintonizar y escuchar de verdad lo que tu Crítico está diciendo. Te enfrentas directamente a la voz aterradora en tu interior.

«Escuchar sin apego es algo muy consciente», le dije a Taylor el día que hablamos de añadir este segundo paso a su práctica de acceder al cuerpo. «Escuchas las palabras reales del Crítico, lo cual, y no te miento, es desagradable. Pero no sólo lo escuchas; escuchas sin apego. Decides de manera consciente no apegarte a lo que dice el Crítico. Yo lo comparo con encontrarte con un borracho en la calle que insiste en que eres una mala persona. Puede que oigas lo que dice, pero básicamente decides no conceder ninguna autoridad a sus palabras».

Taylor había pasado mucho tiempo desconectándose de su Crítico y nunca le había funcionado. Para transformar sus antiguos patrones, tenía que dejar de evitar, complacer o atacar a su Crítico y empezar a escuchar, pero debía hacerlo de manera intencionada sin concederle poder.

Investigar al Crítico

Para investigar al Crítico, tenemos que hacer lo que la mayoría de nosotros, como Taylor, evitamos tanto tiempo como es posible: escuchar lo que nos tiene que decir. Así es como asentamos las bases para ver cómo funcionan las voces críticas. Para el siguiente ejercicio, te animo a que anotes tus respuestas (también puedes descargar una hoja de trabajo para este ejercicio de «Investigar al Crítico» en la página web del libro en www.yourcorageouslife. com/courage-habit). Cuando trabajo con un cliente, completamos este ejercicio juntos. Puedes responder a estas preguntas por tu cuenta o con un compañero, un orientador, un terapeuta o un amigo.

Cuando anotes tus respuestas, es importante que captes exactamente lo que dice el Crítico y cómo suena. Por ejemplo, en vez de escribir «Tengo miedo de caer», escribe lo que tu Crítico te dice cuando temes el fracaso, el modo en que la voz suena en tu cabeza: «¿Quién te crees que eres?»; «Nunca terminarás esto»; «Otra persona ya lo habría hecho, y mejor». Captar las palabras exactas del Crítico es importante para el modo en que desmontaremos su influencia en próximos ejercicios.

1. ¿Cómo se manifiesta tu Crítico? ¿Qué cosas te dice con más frecuencia? Aquí podrías incluir razones por las que el cambio es demasiado difícil o por qué no eres capaz, juicios a tu carácter («vago», «estúpido»), predecir una catástrofe («Si fracaso, será imposible recuperarme») o sacar a relucir errores que has cometido. Pon una alarma de cinco minutos y trata de veras de escribir absolutamente todo lo que se te ocurra. Piensa en este paso como una manera de sacarlo todo fuera.

2. A continuación, sé sincero acerca de tu relación con el Crítico. ¿Cómo sueles considerarlo? ¿Cómo te hace sentir el hecho de que exista este aspecto de ti? Por ejemplo, ¿te molesta que esté ahí a pesar de tus mayores esfuerzos? ¿Te agota? ¿Estás cansado de él? ¿Cuál es tu verdad?

3. Considera el Enfoque Primario que expresaste en el capítulo 1 y la vida que viviría tu yo más valeroso. Probablemente des con algunos grandes sueños o deseos de cambio, como trabajar en una relación complicada, divertirte más en la vida o hacer algo específico como viajar por todo el mundo. Cuando el Crítico interviene en tu capacidad para llevar a cabo esos cambios o lograr ese sueño, ¿qué te dice acerca de tus limitaciones o incapacidad? Ve más allá de «no hay dinero» o «no hay tiempo».

Después de escribir todo lo que se te ocurra, hay una pieza final importante para completar este ejercicio. Revisa la primera parte del proceso del Hábito del Coraje, acceder al cuerpo, usando cualquier enfoque que te resulte de más ayuda (es decir, tómate un tiempo para bailar, llorar, respirar despacio, pasear o sintonizar con tu cuerpo). Todo el mundo que entre de verdad en este ejercicio con toda su alma sin excepción sentirá que es un desafío escuchar a sus aterradoras voces interiores. Procura llegar al otro lado de cualquier miedo que haya limitado tu vida, en lugar de estancarte en esta parte del proceso. Acceder al cuerpo se convierte en una herramienta en la que apoyarse para que entres de manera inconsciente en una rutina del miedo.

La razón por la que muchos de nosotros evitamos lidiar con nuestro Crítico está ahora anotada en trozo de papel delante de ti. La voz del Crítico es caótica, a menudo cruel, y puede ser extremadamente difícil enfrentarse a esos pensamientos y sentimientos a la vez. Recuerda que son sólo palabras escritas. Estas palabras no tienen por qué «significar» nada relativo a ti o a tu vida. Al anotar las palabras del Crítico y después decidir acceder al cuerpo en lugar de evitar, complacer o atacar, ya estás empezando a redirigir el proceso de señal, rutina y recompensa que te habría llevado de nuevo a antiguos hábitos basados en el miedo. Esta práctica de escuchar intencionadamente pero sin darle autoridad al Crítico ni hacer lo que dice es muy importante para cambiar el poder que tiene. Ahora estás preparado para desenredarte y no quedarte estancado.

Desenredar la voz del Crítico

A medida que Taylor empezaba a escuchar y anotar exactamente lo que decía su Crítico, empezó a ver por qué había sido tan tentador tratar de ignorarlo por completo. Se dio cuenta de que su Crítico no sólo se manifestaba con menosprecio y sarcasmo. A veces cambiaba de forma, siempre esperando más de ella, o de repente dándole la vuelta al tablero cuando ella menos lo esperaba. El Crítico de Taylor podía manejar las dos caras de una discusión como un maestro. Si ella se esforzaba para promocionar su negocio de fotografía, el Crítico insistía en que debería haber trabajado más. Otras veces, cuando trabajaba mucho y se daba a conocer, se sentía estresada, abrumada y enferma. Entonces el Crítico cambiaba su mensaje y le decía que trabajaba demasiado, que su vida no estaba equilibrada y que su enfermedad era una prueba de que nunca podría mantenerse siendo autónoma.

Taylor también notó que su Crítico podía ser verdaderamente despiadado. Según iba sintonizando más, luchaba de verdad porque se ponía nerviosa en las llamadas a los clientes y apenas sabía qué hacer cuando oía que el Crítico decía con un tono condescendiente y disgustado: ¿Cómo te va a contratar un cliente si por teléfono pareces una imbécil nerviosa?». Cuando el Crítico utilizaba el razonamiento lógico para debilitarla, todo era incluso más confuso, como cuando Taylor contactó con otros fotógrafos profesionales y su Crítico señaló casualmente y con tranquilidad: «Sus páginas web son mejores y siempre van a conseguir más clientes. Seamos sinceros: ni siquiera estás a su nivel. No te hagas ilusiones».

Cuando nos estamos desenredando del poder que las voces de nuestro Crítico tienen sobre nosotros, todos hacemos este baile con voces rivales y las cosas se ponen confusas. ¿Cuál es la diferencia entre un Crítico lógico, y aun así malicioso, y nuestro propio sentido común de lo que está bien o mal? Al fin de cuentas, Taylor se preguntaba, ¿no era cierto que los clientes no la contratarían si «sonaba como una idiota» por teléfono? ¿Acaso no era cierto que con una página web mejor probablemente conseguiría más clientes? Si su Crítico no le estaba indicando esto de manera estridente y agresiva, ¿no estaba siendo complaciente? ¿Se motivaría para cambiar sin esa voz?

Podía identificarme con su confusión porque, cuando intenté por primera vez desengancharme de mi propia rutina Perfeccionista, me había resultado difícil diferenciar entre mis propios estándares de excelencia internos y los estándares afanosos de mi Crítico. ¿Cómo podía saber la diferencia que existía entre esforzarme de una manera saludable y luchar por una perfección interminable?

Para distinguir la diferencia entre tu Crítico y tú, hay dos cosas de las que debes darte cuenta. Primero, percibe cómo la voz del Crítico imita tus rutinas de miedo. Por ejemplo, el Crítico que se manifiesta como Perfeccionista solamente se centra en el resultado y aun así nunca está satisfecho, mientras que esforzarse de una forma saludable para lograr un objetivo implica tomarse un tiempo para reflexionar y apreciar el trabajo duro a lo largo del proceso. El Mártir ve la mirada de satisfacción en la cara de la gente y toma eso como prueba de que sacrificar sus propias ambiciones (de nuevo) valió la pena, mientras que una persona que practica la interdependencia será tan generosa con ella misma como con los demás. El Pesimista realmente cree que ve todas las pruebas por las que nada va a salir bien tras una pequeña decepción y la persona que coloca la decepción en su contexto adecuado siente lo que es real sin convertir los sentimientos en evidencia de que nada más es posible. El Saboteador entierra su cabeza en la arena cuando no cumple un compromiso, pero de algún modo una persona consciente de sí misma notará que pasar constantemente de una cosa a la siguiente no se encuentra entre sus intereses a largo plazo.

La segunda cosa que puedes percibir es dónde terminas cuando te preguntas: «¿Esto me ayuda?». ¿La voz interior me está ofreciendo información o una perspectiva realmente útil? ¿Cómo te sientes cuando oyes esa voz interior? ¿Te sientes lleno de energía cuando piensas en lo que dice? ¿Te ofrece información que te ayuda a solucionar aquello a lo que te enfrentas? Si no es así, probablemente sea la voz del Crítico.

A veces la gente me dice que no pueden diferenciar entre lo que es su Crítico de verdad y lo que son ellos. Llevan tanto tiempo escuchando las voces del Crítico que se sienten desposeídos de su intuición y su yo verdadero, lo cual hace que desenredar las voces sea tan intimidante y frustrante que quieren rendirse. Ésta es una respuesta extremadamente común a este trabajo y te invito a que profundices y confíes en el proceso, incluso aunque el desenredo no suceda tras un ejercicio. Cuando se hace sumamente difícil distinguir entre el Crítico y el «verdadero yo», significa que tiene lugar un proceso llamado «fusión». La fusión, que proviene de la terapia de aceptación y compromiso (ACT, por sus siglas en inglés), es lo que sucede cuando creemos que lo que pensamos es sinónimo de quiénes somos y nos comportamos conforme a ello. Como explicó el terapeuta Steven Hayes: «Fusión significa quedar atrapados en nuestros pensamientos y permitirles que dominen nuestra conducta» (2009). En esos momentos en que tu Crítico te dice que algo no es posible, o que no se puede o no se debería hacer, y tú le crees y actúas en consecuencia, estás «fusionado» con el Crítico.

Casi todos estamos fusionados con nuestros Críticos hasta que nos paramos a preguntarnos qué está diciendo. A medida que coges más práctica con el paso del Hábito del Coraje de escuchar sin apego, es más fácil reconocer la diferencia entre el «verdadero yo» y los estándares agotadores del Crítico. Como recuerdo a mis clientes: sé amable contigo mismo cuando algo parezca «demasiado grande» para analizarlo y recuerda que tardaste un tiempo en crear tus viejos hábitos y tardarás un tiempo en deshacerlos. Sigue integrando el paso de acceder al cuerpo del Hábito del Coraje y cada vez que te atasques a ti mismo asegúrate de hacer una pausa para llorar, dar golpes de frustración al aire, bailar enérgicamente para hacer que la sangre fluya o relajarte y respirar.

La pregunta de Taylor sobre cómo diferenciar entre ella misma y el Crítico fue respondida tan pronto como le pregunté por su rutina del miedo.

—Normalmente, cuando hacemos una pausa saludable, nos sentimos rejuvenecidos de algún modo. Cuando entras en la rutina del miedo del Pesimista y dejas de trabajar en tus metas, ¿eso te nutre? –le pregunté.

—¿Nutrirme? No, no lo llamaría así. Es más un sentimiento de desconexión –dijo.

Para diferenciar entre quién era ella de verdad y lo que decía su Crítico, Taylor volvió a lo que ya había descubierto de su rutina Pesimista: que trataba de abandonar cuando las cosas se complicaban. Abandonar nunca le aportaba el tipo de pausa rejuvenecedora que le hacía sentirse descansada y preparada para ser incluso algo más que su yo más valeroso. También la animé a acceder al cuerpo cuando hacía descansos para ver qué sentía internamente. Averiguó que, cuando se tomaba un descanso en el trabajo porque estaba en su rutina Pesimista y tenía una sensación de sólo querer «desconectar» y descansar bajo esas condiciones, nunca recargaba su energía.

Piensa en la rutina del miedo con la que te identificaste en el capítulo 2: Mártir, Pesimista, Perfeccionista o Saboteador. La descripción de cada rutina incluía algunos ejemplos de lo que es probable que te digas a ti mismo cuando estás en medio de esa rutina del miedo. Esos ejemplos son, de hecho, ejemplos de voces del Crítico. ¿Ves la conexión entre lo que te dice tu Crítico y cómo eso prolonga esa rutina del miedo? Haz una pausa y tómate un tiempo para escribir en un diario o en una hoja de papel cualquier cosa que te parezca particularmente significativa.

Tu mejor amigo (con pésimas dotes de comunicación)

He estado hablando sobre la existencia del Crítico y tú has estado explorando cómo se manifiesta el tuyo, pero todavía no hemos abordado las preguntas que me preocuparon durante más tiempo. ¿Por qué está el Crítico tan atrapado en una rutina del miedo? ¿Por qué detener al Crítico no es algo tan sencillo como decirle que se vaya o negarse a prestarle atención? Lógicamente debería ser así de simple, pero en la práctica nunca lo es.

Las respuestas a estas preguntas empiezan repasando lo que sabemos sobre los ganglios basales y el bucle señal, rutina y recompensa. Recuerda que con ese bucle sentíamos la señal del miedo y los ganglios basales nos impulsaban a entrar en aquella rutina que nos proporcionaba la «recompensa» más rápida o reducía la tensión. Cuando el Crítico de Taylor la regañaba, su voz era disfuncional e inducía al estrés pero para ella, la voz del Crítico no la inducía al estrés tanto como a emprender acciones de verdad para conseguir su gran sueño. Ese gran sueño era nuevo, incierto y por lo tanto problema mayor porque era más arriesgado emocionalmente. Cada vez que Taylor se echaba atrás y desconectaba, obtenía su «recompensa» temporal de tensión reducida. Para dejar de quedarse atascada en el mismo ciclo, tenía que volver al trabajo esencial de relajarse para acceder al cuerpo, recordar que su rutina del miedo Pesimista podría estar activada y tomar la decisión consciente de escuchar lo que el Crítico estaba diciendo. La práctica continua de cada parte del Hábito del Coraje conjuntamente fue esencial.

Puede que tu rutina del miedo sea distinta a la de Taylor pero funcionará del mismo modo. Por ejemplo, cuando yo sentía miedo entraba en mi rutina del Perfeccionista, que me conducía a trabajar demasiado. A pesar de que me estresaba cuando mi Crítico me regañaba, me resultaba más familiar hacer lo que decía porque era lo que estaba acostumbrada a hacer. Nuestras rutinas del miedo están habituadas y, al principio, siempre será más cómodo recurrir a ellas que intentar algo completamente nuevo.

El gran secreto del Crítico

Éste es el gran secreto del Crítico: está dedicado a una rutina del miedo y no desaparecerá sólo porque nosotros queramos. Cree que al criticarte te protege.

Bajo el menosprecio, el cambio de forma, la lógica maliciosa, los gritos, las regañinas y la intimidación, el Crítico en realidad está asustado. Le asusta el cambio y hacer las cosas de un modo diferente. Le aterra vivir de una manera distinta, experimentar el rechazo y lidiar con el fracaso. El Crítico no te persigue; está herido y trata de protegerte de futuras heridas. En ese lugar del miedo es donde el Crítico comienza a criticarte con la esperanza de que mantengas las viejas y familiares rutinas para estar a salvo de cualquier daño.

Todavía recuerdo cómo me sentí el día que mi orientador, Matthew Marzel, sugirió su propia interpretación alternativa del Crítico: «Es tu mejor amigo con pésimas dotes de comunicación», dijo. Sentí una repugnancia inmediata: ¡De ningún modo ese Crítico era «mi amigo»! ¿Esa voz que me minaba constantemente cada vez que intentaba hacer algo nuevo? ¿Esa voz que siempre me decía lo que podía salir mal? ¿Estaba de broma?

«Yo veo al Crítico como la parte de nosotros a la que le interesa sobrevivir a toda costa –explicó Matthew–. Por muy estridente que pueda ser, en realidad, es increíblemente inseguro y está asustado. Para él que persigas tus sueños es una terrible amenaza que podría conllevar rechazo y sentimientos de fracaso; por lo que hará lo que sea para evitar esas experiencias, incluso si eso significa hablarte de un modo abusivo para impedir que corras un riesgo. Trata de mantenerte a salvo, pero tiene unas dotes comunicativas pésimas. Yo he adquirido el compromiso de marcar límites con mi Crítico en lugar de ignorarlo o atacarlo».

Entonces Matthew quería saber algo: ¿Alguna vez ignorar, aplacar o luchar con el Crítico ha funcionado para hacerlo desparecer? Cuando examiné esa pregunta, me di cuenta de que no. Mi Crítico siempre volvía, así que el trabajo de evitar, complacer o atacar era interminable (y agotador). Por primera vez, con la ayuda de Matthew, empecé a escuchar las cosas específicas que me decía mi Crítico e intenté ver el miedo tras sus palabras.

Por ejemplo, el Crítico me había dicho a menudo que mis escritos eran una basura y que nunca me publicarían nada. Esa voz era el miedo al fracaso. Cuando el Crítico decía esto evitaba escribir para no pensar en la posibilidad del fracaso, o me forzaba sin descanso con la ilusión de que un esfuerzo agotador me garantizara los resultados que quería. No hay ganancia sin dolor, ¿verdad? El Crítico también me decía que era egoísta y que no hacía nada por los demás. Eso representaba mi miedo a no parecer lo suficientemente agradable a no ser que lo compensara en exceso o demostrara mi capacidad realizando acciones serviciales. EL Crítico usaba el juicio y la condescendencia para lograr que me diera miedo no agradar a quienes me rodeaban y empujarme, a la vez, a trabajar más duro acumulando buenas acciones hacia los demás. Si bien querer agradar a otros no es algo malo, dejarse llevar por el miedo al rechazo del Crítico era una manera de vivir agotadora. Era el miedo del Crítico el que llevaba las riendas, no mis propios deseos de vivir desde el coraje.

Después de tantos años escuchando hablar a mi propio Crítico y a los de tantos clientes y participantes de talleres, mientras me sentía totalmente asustada e insegura, pude ver que sucedía lo mismo en la vida de Taylor. Su Crítico siempre la vigilaba con el propósito de protegerla del rechazo y utilizaba una comunicación pésima como un intento desafortunado de protección. Si el Crítico la regañaba para que no emprendiera ninguna acción, entonces tal vez ella no correría el riesgo que podría llevarle al fracaso real o imaginario. El Crítico trataba, a su manera disfuncional, de detenerla para no enfrentarse al dolor.

Intenta esto tú mismo. Revisa tus respuestas del ejercicio «Investigar al Crítico» y mira lo que anotaste, esta vez buscando dónde el Crítico ha usado el abuso, la intimidación, la crítica, la vergüenza u otra cosa que te haya impedido emprender acciones para conseguir tus objetivos. ¿Cuál podría ser su verdadero plan para impedir que corras riesgos? ¿Tu Crítico te dice que no eres lo suficientemente bueno? ¿Qué otras personas pensarán que tus ideas son estúpidas? ¿Quién ha hecho ya lo que tú quieres hacer, y mejor, por lo que no tiene sentido que lo intentes? Entonces pregúntate por qué el Crítico dice esas cosas, y por qué al decirlas se comporta como «tu mejor amigo con pésimas dotes comunicativas».

Si te crees lo que dice el Crítico y te echas atrás a la hora de conseguir lo que de verdad quieres, entonces nunca asumirás los riesgos que conlleva intentar ir a por tus grandes sueños. Para tu Crítico, esa seguridad a corto plazo merece la pena. Ahora puedes decidir si, en verdad, vale la pena seguir creyendo lo que te dice el Crítico o es hora de cambiar.

El cambio empieza por mantener una relación distinta con el Crítico. No es tu enemigo ni la persona que debería aconsejarte, sino más bien un aspecto de ti mismo, inseguro y basado en el miedo, que tiene un solo plan: mantenerse seguro.

—Para ayudarme a no evitar, complacer o atacar, trato de ver a mi Crítico como a un niño pequeño—le dije a Taylor—. Posee una capacidad limitada para manejar el estrés y tiene tendencia a pensar a corto plazo para obtener una gratificación inmediata. Si me encontrara a un niño pequeño con una rabieta, ¿sería efectivo encerrarle en una habitación para evitarle? Si complazco al niño y le doy lo que quiere, eso puede detener la rabieta, pero siempre habría más exigencias. Si castigo al niño cuando está en plena rabieta, termino haciéndonos más daño si me chilla y yo le chillo. Me convierto en el abusón.

—Esto me hace pensar en cuando mi marido y yo tenemos una discusión –dijo Taylor–. Si damos un portazo para evitarnos, eso no nos ayuda. Si le digo que lo siento cuando en realidad no es así sólo para dejar de pelearnos, tampoco resulta de ayuda. Además, odio cuando él lo hace conmigo. Lo peor es cuando le digo algo de lo que después me arrepiento.

Me alegré mucho de que Taylor asociara la relación con su Crítico y la de otras personas en su vida, especialmente porque la noción de «darle una patada en el culo al miedo» está muy extendida en las discusiones de nuestra cultura acerca de cómo manejarlo. En lugar de ver al Crítico como algo no necesario, se estaba abriendo a la idea de que podría solucionar las cosas con su Crítico del mismo modo que lo hacía con su marido.

Lo que yo sabía por experiencia propia era que algo todavía mejor era posible: cuando el enfado y el miedo del Crítico respondía a una mezcla de compasión y límites, se podía curar. Es la mezcla de la compasión y los límites lo que es tan drásticamente transformador a la hora de trabajar con el Crítico.

Descifrar el código del Crítico

La idea de ver a su Crítico como a un niño pequeño con capacidades limitadas le había servido de ayuda a Taylor para no evitar, complacer ni atacar. Estaba deteniendo el ciclo habitual de su rutina del miedo.

—Siento como que estoy recogiendo todas las piezas y juntándolas –me dijo Taylor–. Percibo lo que más necesito, en especial cuando la rutina Pesimista aparece, porque estoy accediendo al cuerpo. Estoy escuchando lo que mi Crítico tiene que decir, lo cual sigue siendo extraño, pero está bien. Sin embargo, no dejo de preguntarme: si mi Crítico tiene tanto miedo de verdad... ¿a qué le teme tanto? Yo nunca sufrí abusos cuando era una niña. No se me ocurre ningún gran trauma al que haya sobrevivido. Para ser sincera, me siento un poco mal cuando pienso en las cosas que han pasado otras personas y lo increíble que ha sido mi vida en comparación. Soy realmente afortunada y tengo mucho que agradecer, ¿por qué entonces estoy tan bloqueada?

Aquélla era una pregunta que yo me había planteado muchas veces y había mantenido más de una conversación con amigos que rayaba la angustia existencial sobre todas estas cuestiones. Como seres humanos, ¿somos frágiles de manera innata? ¿Era ésa la condición del ser humano?¿Era ése el resultado de que las comunidades dieran paso a sociedades aisladas? ¿Era algo bioquímico? ¿Por qué existía ese aspecto del yo que parecía ser básicamente tan inseguro? Sólo había una respuesta que parecía apropiada: el Crítico estaba asustado porque la vida es básicamente incierta y vivimos en un mundo que no podemos controlar.

Así que esto es lo que le dije:

—Creo que el Crítico se aferra a su ilusión o idea de que de algún modo deberías controlar mejor tu vida. Podrías controlarla trabajando más duro o no cometiendo nunca errores, haciendo planes interminables, siendo más delgada, más guapa, más lista o más rica.

—¡Es el cambio de forma! –dijo Taylor encajando las piezas–. El control es lo que se esconde tras el cambio de forma del Crítico. Si trabajo más, debería haber trabajado más duro, y si trabajo tanto que caigo enferma, debería haber sabido parar y tomarme un descanso. De un modo u otro, se supone que siempre debo tener el control.

—Lo has entendido –le dije–, y lo que está pasando en realidad es algo que el Crítico no quiere afrontar: la vida en sí es imperfecta y a las personas buenas les pasan cosas malas. Nadie tiene una vida tan buena como pretende enseñar en sus tableros de Pinterest. Nadie consigue jamás la vida con la que sueña sin luchar. ¡Nadie posee el control! Al Crítico le aterroriza esta falta de control, así que persigue y se aferra a la seguridad. Hará lo que sea necesario para mantener la seguridad. Te diré que no tiene sentido intentar algo y luego regañarte por no haberlo intentado con más empeño. Es ilógico porque está aterrorizado.

La idea tenía sentido para Taylor, pero también hizo surgir otra posibilidad poco atractiva: ¿significaba eso que siempre debía tolerar la ira y el menosprecio del Crítico sin poder hacer nada más por evitarlo? Le recordé que escuchar sin apego significaba no conceder autoridad a la voz del Crítico. Le dije que podía escuchar las palabras sin creérselas necesariamente ni hacer lo que decía el Crítico.

—Pero hay otra pieza útil –añadí–. Una vez que sabes lo que dice el Crítico, es el momento de marcar algunos límites.

¿Límites con el crítico? Al principio, esta idea suele parecer imposible. Los clientes acostumbran a mostrarse escépticos cuando les digo que existe un proceso que pueden utilizar para ayudar a transformar incluso las voces más enojadas, crueles y críticas. Como nunca se trata de volverse temerario y como sabemos que evitar, complacer y atacar no funciona, las estrategias que compartiré no son diferentes formas de ignorar las voces o decirles que desaparezcan. En lugar de eso, empezaremos por cambiar tu relación con tu Crítico. Después de haber aprendido a escuchar su voz sin quedar enganchados en lo que dice, podrás marcar unos límites muy reales y sensatos entre él y tú.

«Reformula, por favor»

Hemos llegado a la herramienta más efectiva que utilizo para trabajar con voces críticas. Es una herramienta que inicialmente me enseñó mi orientador Matthew y que he pasado a cientos de personas en sesiones de orientación individuales, talleres, eventos en Internet a gran escala y clases en línea. Se llama «Reformula, por favor».

Me he dado cuenta de que es más fácil entender cómo usar esta herramienta con tu Crítico si primero te imaginas cómo la usarías con otra persona. ¡Mi marido y yo hemos practicado con ella recientemente! Entre dos personas funcionaría así: cada vez que tú o tu pareja digáis algo que cause tensión, algo irrespetuoso o desagradable al otro, os comprometéis a pedir un «Reformula, por favor».

Digamos por ejemplo que mi marido olvida comprar algo que necesitaba para la cena. Él llega a casa y yo me siento frustrada. Sin pensar, digo:

—¿En serio? ¿Te has vuelto a olvidar de eso? Estoy muy harta de que te olvides de ir a comprar cuando te lo pido.

Entonces, mi marido dice (normalmente después de respirar y acceder al cuerpo):

—Eh, reformula, por favor. Es su manera de indicarme que he dicho algo que no suena respetuoso y le gustaría que lo dijera de otro modo.

Después de respirar, acceder al cuerpo y percibir lo que siento, digo:

—Vale, vale. Lo siento. Estoy agobiada y disgustada porque no tenemos este ingrediente. Lo necesito de veras para la cena de esta noche. ¿Puedes ir a la tienda?

El tono de «Reformula, por favor» es la parte más importante de su eficacia como herramienta. La forma de hablar es práctica más que expresar de manera pasivo-agresiva mediante el tono que en el fondo sigues enfadado. Practica esta herramienta del mismo modo con tu Crítico. Cuando te diga algo negativo, puedes contestarle con amabilidad: «Reformula, por favor. Estoy abierto a escuchar lo que tengas que decir, pero hazlo de forma respetuosa».

Cuando Taylor empezó a practicar esta herramienta con todo cuanto le decía su Crítico, fue algo parecido a lo siguiente:

Crítico: ¿Cómo te va a contratar un cliente si pareces idiota?

Taylor: (Después de respirar y acceder al cuerpo): Reformula, por favor. Estoy abierta a escuchar lo que tengas que decir, pero necesito que lo hagas de forma respetuosa.

El Crítico de Taylor no se volvió positivo y alegre cuando le pidió que se comunicara con respeto. Decía cosas como: «Eso es una tontería. No soy un mentiroso. Ningún cliente te contratará si pareces idiota, y ésa es la verdad». Si las palabras o el tono del Crítico no eran respetuosas, Taylor respondía: «Reformula, por favor. Estoy abierta a oír eso, pero debe ser respetuoso. Reformula, por favor».

El Crítico de Taylor no se rendía. Respondía suavizando sus palabras, pero seguía sin apoyarla: «Lo que tú digas. No es un paso inteligente dejar tu empleo cuando te pones tan nerviosa por teléfono. Es un aspecto básico de ser autónomo y no puedes manejarlo». Cuando su Crítico cambiaba ligeramente pero seguía mostrándose negativo, Taylor le decía: «Veo que has cambiado las palabras, pero aun así no me estás apoyando. Necesito que me apoyes y seas respetuoso. ¿Quizás puedas decirme qué es lo que más te asusta? Reformula, por favor».

Ése era el momento en que su Crítico llegaba al miedo real: «Me aterra que si fracasas en este negocio no tengas dinero para pagar las facturas. Me aterra que tu marido se moleste contigo por haber invertido vuestro dinero en esto. Me aterra que si fracasamos, significará que trabajarás en algo que odies el resto de tu vida, y eso es todo».

Tan pronto como tu Crítico, al igual que el de Taylor, empiece a comunicar lo que le asusta y deje la crítica que estaba solapando ese miedo, ambos estaréis listos para trabajar en el meollo del asunto. Cuando el Crítico deja a un lado su actitud defensiva, hablas con la herida que necesita curarse más que con la coraza que mantiene la vieja rutina en su lugar.

«¿Qué te asusta de verdad?». Ésa es la pregunta que quieres hacerle a tu Crítico una vez que ha dejado de lado su actitud defensiva. Si te dice lo que le asusta, entonces puedes empezar a construir resiliencia en esa área. Cuando el Crítico de Taylor hablaba de sus propios miedos acerca del dinero, de molestar a su marido o de fracasar a la hora de hacer lo que en verdad deseaba, sólo estaba removiendo los miedos una y otra vez.

Eso hacía que siguiera sintiéndose estancada. A través del diálogo con el Crítico y el uso de «Reformula, por favor», pudo oír lo que le asustaba a su Crítico y verlo con ternura y cariño, en vez de atacarlo, complacerlo o evitarlo.

Por fin, pudo ver cómo su Crítico herido era como un niño pequeño que necesitaba curarse, y no un enemigo al que debía conquistar.

Usar «Reformula, por favor»

Prueba el proceso «Reformula, por favor» por tu cuenta. Empieza repasando tus respuestas al ejercicio «Investigar al Crítico» anteriormente en este capítulo. Trabaja con cada respuesta de una en una, trata de decirlas en voz alta y escuchar lo que dice tu Crítico. Cada vez que diga algo que no muestre respeto ni apoyo, responde: «Reformula, por favor», para comunicarle lo que necesitas. Por ejemplo, si su tono es duro, di: «Reformula, por favor. Quiero oír lo que intentas decir pero quiero escuchar un tono más neutro y amable». Repite el proceso con cada respuesta dura que te dé hasta que llegues al miedo que se encuentra en el corazón de esa respuesta (también hay disponible una hoja de trabajo y meditación guiada para este ejercicio en la página web: www.yourcorageouslife.com/courage-habit). Asimismo, puedes tener una experiencia potente con este ejercicio si lo grabas o hablas en voz alta delante del espejo.

El proceso va hacia atrás y hacia delante; anotas lo que dice el Crítico y sigues respondiendo a ello con: «Reformula, por favor. Quiero oír lo que tienes que decir y me comprometo a una comunicación respetuosa. Por favor, dilo de otra de manera. Reformula, por favor».

Mientras respondes, buscas el momento en que esté dispuesto a confesar la verdad sobre sus miedos y se muestre vulnerable. Hasta entonces, cada vez que se dirija a ti en un tono o con palabras que no sirvan de apoyo, di: «Reformula, por favor», y añade algo que establezca límites con él. Indícale amablemente qué es lo que debe cambiar con el fin de reformular ese mensaje. Si utiliza una lógica razonable y tranquila pero con un transfondo que no te apoya, pídele que reformule la frase expresando su apoyo.

Este ejercicio es una práctica utilísima para crear una comunicación respetuosa con tu Crítico. Estás marcando un límite: le escucharás, no volverás a entrar en modo ataque y él tampoco te atacará. No permitirás que te falte al respeto.

Puedes repetir este proceso de forma regular en cualquier momento en que te enfrentes a un desafío. No «te deshaces» de tu Crítico, sólo sigues descubriendo cada vez más capas que tapan su miedo y procesándolas. Mediante esta práctica, te liberarás del miedo.

Cubrir las necesidades del Crítico

—Volvamos a la imagen del niño pequeño –le sugerí a Taylor cuando llegamos a los miedos más profundos de su Crítico: no tener suficiente dinero, resentimiento o trabajar en algo que no le gustara el resto de su vida–. Si estuvieras sentada al lado de un niño pequeño y te dijera que tiene miedo de no tener suficiente dinero, ¿qué harías?

Taylor empezó a emocionarse al explicarme lo siguiente. Me imaginaba sus ojos marrones llenos de lágrimas mientras me contaba los problemas económicos que había tenido su familia cuando era una niña. Sus padres odiaban sus respectivos trabajos, lo cual les exasperaba y provocó que mostraran su frustración en forma de peleas delante de Taylor, o se irritaban e impacientaban con ella cada vez que necesitaba dinero para la comida o material escolar nuevo. A los diez años, tuvo lugar una gran desavenencia. Su padre había prestado dinero al tío de Taylor sin decírselo antes a su madre. Su tío nunca lo devolvió y su madre jamás perdonó a su padre.

—Parece algo tremendamente difícil de presenciar, en especial siendo una niña –dije.

Las dos nos quedamos calladas por un momento. Entonces le pregunté:

—Si estuvieras con esa niña de diez años ahora, ¿qué tipo de apoyo le darías? Aunque no pudieras controlar la vida y hacer aparecer dinero para acabar con las peleas, pero sí permanecieras allí para apoyar a tu yo de diez años, ¿qué harías?

—Le haría saber que todo salió bien –dijo Taylor sin dudar–. Incluso sin dinero, todo salió bien.

Ésa fue una sesión increíblemente intensa y emotiva en la que yo también sentí las lágrimas acudir a mis ojos mientras ella establecía relaciones entre sus circunstancias actuales y el Crítico que trataba desesperadamente de no experimentar dificultades económicas ni el resentimiento de los demás. Fue una de esas sesiones en las que se narran recuerdos duros, pero emerge un hilo poderoso. Taylor me confirmó que, aunque tuvo carencias económicas y mucho miedo mientras se hacía mayor, ninguno de sus miedos más profundos se había materializado en realidad.

El Crítico que gritaba o la fastidiaba dentro de su cabeza en búsqueda de seguridad la había distraído de los hechos más importantes de la historia de su vida. Había desarrollado resiliencia gracias a las dificultades, y ésta importaba más que el hecho de haber aguantado esas dificultades. Aunque era imperfecta y había entrado en modo Pesimista en más de una ocasión, se había comprometido lo suficiente con sus sueños y a vivir desde su yo más valeroso como para decidir buscar ayuda para trabajar con el miedo y la inseguridad cuando surgían.

Me gustaría pedirte una última vez que retomes el ejercicio «Investigar al Crítico» y revises qué es lo que te dice. Puede que en este punto notes que algunos de sus comentarios ya no ejercen tanto impacto sobre ti porque has leído esas palabras tantas veces que ahora ves que sólo tiene miedo y dice cosas que no son ciertas.

Sin embargo, es el momento de buscar las cosas que dice el Crítico y que sabes que todavía te duelen. Examina cualquier comentario desagradable y trata de entender con claridad su plan o motivo para intentar evitar que des un paso adelante. Presta atención a cómo su razonamiento se enraíza en una necesidad disfuncional de seguridad. Utiliza la herramienta «Reformula, por favor» con esas frases hasta que llegues al fondo de lo que le asusta: «¿A qué tienes miedo en realidad? ¿Qué está pasando aquí en verdad?».

Durante las siguientes semanas empezó a surgir en Taylor una ferocidad significativa que se manifestaba en cada área de su vida. Su Enfoque Primario era hacer crecer su negocio de fotografía para vivir de él y ahora estaba aplicando el paso de escuchar sin apego del Hábito del Coraje cada vez que el Crítico aparecía entorno a esa meta.

Durante nuestras llamadas, reivindicaba con tenacidad el hecho de que tuviera deseos legítimos para su vida y, lo que es más importante, que se los merecía. Incluso en días en los que se sentía reticente, mantenía la perspectiva más que antes. Acceder al cuerpo le había otorgado la habilidad de sentir resistencia o frustración y después procesarlo dando paseos o haciendo una pausa para respirar. Escuchar al Crítico sin engancharse a lo que decía y usar herramientas como «Reformula, por favor» para marcar límites y llegar a la raíz del miedo del Crítico había facilitado que Taylor tomara las riendas de su vida.

La calidad de nuestras sesiones había cambiado y ahora avanzábamos con rapidez. En vez de oír todas las razones por las que algo «nunca funcionaría», ahora escuchaba todas las opciones posibles. También empezó a tener más solicitudes de sesiones fotográficas y su marido y ella se sentaron a elaborar un plan financiero sin pelearse.

—Una copa de vino mientras repasábamos los números, sin duda nos ayudó –dijo Taylor riendo.

Se mostraba muy contenta de percibir la ligereza en su voz y también sabía que estaba orgullosa de sí misma. Había aprendido la lección más esencial para permitir que su yo más valeroso apareciera: el Crítico forma parte de quienes somos, una pieza del todo. Si quieres amar y aceptar completamente quien eres, debes aprender a amar y aceptar las piezas más complicadas o difíciles de soportar, como el Crítico. A menudo tememos que si le prestamos atención sólo conseguiremos que crezca y se le oiga más. En lugar de eso, Taylor se dio cuenta de que el poder del amor y la compasión para curar la herida del Crítico era la verdadera llave de su felicidad.

Avanzar

Este capítulo ha cubierto gran parte de lo esencial. Siempre animo a mis clientes a que recuerden apoyarse en esa primera herramienta de acceder al cuerpo todo cuanto puedan para estar presentes en el proceso en el que se encuentran. Te animo a que hagas lo mismo. ¿Qué práctica basada en el cuerpo puedes hacer durante cinco minutos después de leer este capítulo?

También es importante que, a medida que trabajamos con cada parte del Hábito del Coraje, sigas volviendo a tu Enfoque Primario. Recuérdate cuáles son tus objetivos y sé muy claro con las palabras exactas que usa tu Crítico para convencerte de que esos sueños no valen la pena o que no eres capaz de crear la vida que deseas. Después de que Taylor descubriera algunos de los miedos más profundos de su Crítico, fue más consciente de lo que le diría cuando diera los pasos necesarios hacia su Enfoque Primario. Ella utilizaba la herramienta «Reformula, por favor» cada vez que aparecía el Crítico. El hecho de comprobar específicamente sus objetivos le ayudó a centrarse más en los cambios que estaba realizando.

Ahora estamos a mitad de camino de las cuatro partes del Hábito del Coraje. Todas las piezas funcionan conjuntamente, pero una vez que sabes cómo acceder al cuerpo y escuchar sin apego estás listo para el paso número tres: replantear historias limitantes. Para cuando un patrón del miedo está en su sitio, hemos pasado demasiado tiempo creyendo en visiones cerradas y limitadas de lo que es posible para nuestra vida. Replantear historias limitantes es a lo que recurrimos una vez sabemos lo que nos dice el Crítico y estamos listos para darle una nueva historia que seguir.

Capítulo 5

Replantear historias limitantes

Llevaba años haciendo algo de lo más extraño. Me levantaba temprano, a veces a las cinco o seis de la mañana, para ir a medias maratones o triatlones en las que era una simple espectadora. Los atletas me fascinaban, en especial aquellos que corrían largas distancias. ¿Cómo lo hacían? ¿Cómo sometían su cuerpo a situaciones tan duras? Me fascinaba ver de lo que eran capaces, pero creía que yo no podría hacerlo de ningún modo. En lugar de eso, leía libros sobre deportes de resistencia y me suscribía a revistas como *Triathlete* y *Runner's World*.

Sólo observaba desde la distancia y leía libros sobre carrera de resistencia porque, a mi parecer, yo era demasiado débil para participar en una carrera. Después de todo, me recordaba, no es que fuera una «atleta» y mucho menos una triatleta que pudiera nadar, montar en bici y correr. Yo era, como mucho, el tipo de nadador que consigue mantenerse a flote, el ciclista que se cansa fácilmente y, aunque me gustaba correr, tenía tendencia a lesionarme.

Pero, en secreto, quería ser triatleta. No; suspiraba por ser triatleta. Cuando veía las repeticiones de Ironman en YouTube mi corazón se aceleraba. Por eso seguía leyendo sobre carreras, presenciándolas y comprándome documentales en DVD sobre eventos de resistencia.

Cada vez que veía algo relacionado con el entrenamiento de triatlón de megarresistencia, una voz interior aparecía en mi mente y susurraba: «¡Ohhh! ¡Quiero hacer eso!». Pero, durante años, tan pronto como la voz aparecía, yo suspiraba y decía: «Sería genial, pero no puedo. No soy atleta».

Ese pensamiento no era la voz dura y condescendiente del Crítico. Si lo hubiera sido, le habría prestado más atención. En vez de eso, era simple y práctico: «El cielo era azul, la hierba, verde y Kate no era atleta». Sin embargo, un día se me metió en la cabeza que quería ir a una tienda de artículos deportivos y probarme un traje de neopreno de triatlón sólo para ver cómo me quedaba. No tenía ni idea de que ponerse un neopreno fuera un esfuerzo aeróbico en sí mismo hasta que me vi gruñendo y sudando en el probador haciendo pasar el neopreno por encima de mis caderas. Mi silueta se parecía más a la de Kate Winslet que a los cuerpos estrechos y musculados de las mujeres que veía en la revista *Triathlete*. Me miré en el espejo, con el neopreno a medio poner, mientras el dependiente me preguntaba desde fuera si necesitaba algo porque llevaba un buen rato en el probador. Pensé: «Kate, ¿qué estás haciendo intentando ponerte esta cosa? No eres una atleta».

Pero entonces, esa voz interior, la voz que consideraba mi yo más valeroso, mencionó en voz baja: «Aunque no seas una atleta ahora mismo, quizá puedas convertirte en una». Esa idea, aunque parezca obvia viéndola aquí escrita, fue algo extraño de considerar. Entonces, mi yo más valeroso siguió hablándome: «Aunque ahora te sientas ridícula poniéndote un neopreno, cuando hagas triatlones, vestirlo será algo normal. Cualquier cosa que hagas con suficiente frecuencia, después de todo, se convierte en algo "normal"».

En ese mismo momento, empecé a ver la Historia Limitante «en mayúsculas» que llevaba tanto tiempo debilitándome. Esa historia no era la voz del Crítico destruyéndome, sino más bien una sencilla suposición: «No era una atleta y, por consiguiente, no podía hacer triatlones, y eso era así». Sin cuestionar esa historia, ni siquiera se me había ocurrido pensar que nadie nace siendo un atleta. Todo atleta lo llega a ser porque invirtió tiempo en entrenar.

Este cambio en mi manera de pensar coincide con el proceso de examinar tus historias limitantes y «reformularlas». Incluso, cuando empezamos a acceder al cuerpo y a cuestionarnos el poder del Crítico, todavía hay trabajo por hacer cuando aún no hemos descubierto nuestras suposiciones limitantes sobre nosotros mismos o cuando asumimos que no podemos hacer algo porque las cosas «son así».

¿Recuerdas a Alexis, la jefa de proyectos que quería aportar algo de humanidad a la América empresarial que conociste en la Introducción? En una ocasión me dijo que si intentaba instaurar una comunicación basada en el corazón en su lugar de trabajo se reirían de ella en la sala de juntas. ¿Cuál era su historia? «La América empresarial no está interesada en la comunicación basada en el corazón. Es su manera de ser, ¿no es cierto? Shay, la fantástica instructora de yoga con cazadora motera redefinió lo que era capaz de hacer su yo más valeroso cuando cuestionó su historia de que se supone que los profesores de yoga sólo ofrecen un suave y susurrado «Namaste». «Es así como funcionan los profesores de yoga, ¿no?». Janelle, madre de tres hijos, tuvo que desengancharse de su historia de que *las* «buenas madres hacían las cosas de una única manera: mediante el autosacrificio infinito». Eliana, candidata a un máster, que comprobaba tantas veces su trabajo hasta el punto de agobiarse, tuvo que desengancharse de la historia de que «no podía cometer errores». Taylor también tuvo que desengancharse de la historia de que «no era lo suficientemente buena o no tenía el talento suficiente para trabajar como autónoma».

Si asumimos que nuestras historias limitantes son ciertas, seguiremos limitando lo que creemos que somos capaces de hacer. Para desengancharse de las historias limitantes no basta con recitar «afirmaciones» superpositivas que están alejadas de la realidad y esperar lo mejor. En lugar de eso, la reformulación de historias limitantes sucede cuando cuestionamos creencias asumidas de que «las cosas son así» y después escogemos una historia distinta que se expande y produce resiliencia.

A menudo nos olvidamos de que requiere tanto esfuerzo creer que tus sueños no son posibles como que puedes crear lo que deseas.

Es del todo imposible escoger de manera consciente tus historias. El hecho de escoger historias como «soy capaz de recuperarme de un revés, estoy dispuesto a dar este cambio o me niego a perder la esperanza» te proporcionará resiliencia cuando te enfrentes al miedo, a un revés, a la inseguridad o a un desafío.

Es el momento de aplicar el tercer paso del Hábito del Coraje: replantear historias limitantes. Para ello, primero aprenderás qué son las historias y descubrirás cualquier historia limitante que albergues actualmente, sacando a la luz cualquier suposición acerca de lo que eres capaz de crear. Después, aprenderás a replantear historias limitantes y escoger en su lugar las que expanden tu visión de que lo que es posible.

¿Qué son las historias?

Las historias son narraciones y suposiciones internas que hacemos acerca de cómo funciona el mundo. Pero ésta es la parte importante: pueden no ser objetivamente ciertas. Son las lentes con las que ves la vida y, como unas gafas de sol, pueden cambiar el modo en que concibes el mundo. La historia que pones en tu experiencia tiene que ver con si te ves como una víctima o como un superviviente; si una experiencia es peligrosa o es una oportunidad y si tienes la capacidad de desarrollar más coraje o si sencillamente no eres muy valiente.

Adoptar historias no es malo. Todo el mundo hace suposiciones internas que utiliza para orientarse en el mundo, pero algunas ayudan más que otras. Por ejemplo, es probable que todos nosotros hayamos conocido a personas con la historia de que «todo el mundo es egoísta y mira tan sólo por sí mismo». Como esas personas tienen esa historia, sospechan de los motivos de otras, llevan la cuenta de los errores de los demás y adoptan la actitud de «tengo que mirar por mí». Cuando se trata de vivir una vida feliz, esa historia probablemente no ayuda mucho.

También es posible que todos hayamos conocido a personas con la historia de que «todo el mundo es bueno y lo hace lo mejor que puede». Con esa historia, es probable que den a los demás el beneficio de la duda, que no se tomen las cosas de forma tan personal y que consideren a otras personas interdependientes. Esa historia es mucho más útil.

Estas dos historias colorean todas las perspectivas de las personas que las adoptan, y les afectan en su modo de ver el mundo e interaccionar con otros seres humanos. Una persona puede, sin duda, funcionar en la vida con ambas historias. Sin embargo, si fueras alguien bloqueado por la creencia de que todo el mundo es egoísta y sólo mira por sí mismo, ¿no agradecerías que te ayudaran a desengancharte de esa historia y creer que el mundo está lleno de personas buenas haciéndolo lo mejor que pueden?

Por eso es importante examinar las historias que asumimos como ciertas de forma inherente. Puede que adoptemos algunas limitantes, como yo cuando deseché la idea de convertirme en triatleta, o como Shay cuando enseñaba yoga como «se suponía» que debía hacerlo, o como Janelle cuando asumió un rol predeterminado de «cómo se comportan las madres» y actuó en consecuencia.

A veces las personas me preguntan si es posible cambiar sus historias. ¿Cuál es mi respuesta? He visto una y otra vez que se puede escogerlas de manera consciente. Es una cuestión de saber dónde poner tu atención y el significado que decidas darle a las cosas.

Carolyn

Carolyn, alta y esbelta como una modelo, era la definición del espíritu californiano por excelencia. Nos conocimos en un taller de yoga en el que nuestras esterillas acabaron una al lado de la otra. Conectamos hablando durante los descansos y la postura del perro bocabajo cuando el instructor no estaba mirando, contándonos la historia que había detrás de cada uno de nuestros tatuajes y haciendo planes para ver a Ani DiFranco en directo. Carolyn no vivía cerca. Cuando le pregunté de dónde era, respondió encogiendo los hombros:

—De todas partes –dijo.

Y comenzó a hablarme del estilo de vida nómada que llevaba.

—Me alojo en casa de otras personas a cambio de algo. Tengo libertad, voy allí donde se me requiere –dijo–. Vine a San Francisco hace unos meses cuando conocí a un chico que se llama Paris. Es obrero metalúrgico y le gustan el mundo de la aviación. Estaba participando en un festival en Oakland, así que me quedé con él durante un tiempo. Su compañera de piso, Keri, venía a este taller de yoga. Es amiga del instructor y me consiguió una plaza. Así que aquí estoy.

No pude evitar sentir un poco de envidia por su libertad, y a la vez no podía dejar de pensar en cómo lo hacía.

—¿Cómo te las arreglas con el dinero cambiando tantas veces de lugar? –le pregunté.

Carolyn sonrió y sus dedos empezaron a jugar con un cristal que llevaba colgado del cuello.

—Simplemente siempre me sale bien –dijo–. Sé cómo codificar páginas web; puedes hacerlo desde cualquier parte, ¿sabes? Lo que de verdad me gustaría es hacer lo que tú: orientar a las personas. Parece muy guay. Tal vez deberías ser mi orientadora; me vendría bien un poco más de coraje.

Me reí. Rara vez había escuchado a alguien definir la orientación como «guay». Carolyn me parecía muy valiente, alguien que estaba viviendo completamente desde el lugar de su yo más valeroso. ¿En qué quería que trabajáramos? Pero, después de hablar un poco y oír que tal vez necesitaría trabajar en mi sitio web, Carolyn me hizo una propuesta:

—¿Qué te parece si intercambiamos horas de orientación por horas de trabajo en el sitio web?.

Decidí intentarlo, ya que mi sitio web necesitaba una actualización.

Unas semanas después, comenzamos nuestra primera sesión. Carolyn me llamó desde Oregón, donde estaba con un amigo de la infancia que vivía allí. Me había enviado unas preguntas previas a la sesión. En la sección donde le había preguntado qué quería obtener de la orientación, simplemente escribió: «Saldar deudas».

Después de intercambiar unos cuantos saludos por teléfono, le pedí que me hablara más de la deuda para poder tener una idea clara de lo que estaba pasando. La despreocupada Carolyn del «simplemente siempre me sale bien» desapareció de repente. Su voz titubeó, susurró tan suavemente que tuve que pedirle que me lo repitiera.

—Tengo una deuda de sesenta mil dólares –susurró sacando las palabras a duras penas. Continuó hablándome de préstamos estudiantiles que no había pagado después de que su madre enfermara de cáncer de páncreas varios años atrás. Su padre nunca había estado presente, así que no podía recurrir a él. Había dejado los estudios para cuidar de su madre y acumuló una pequeña fortuna en deudas de la tarjeta de crédito.

Al tratar de ponerse al día con los pagos de esas facturas, se retrasó en sus pagos de impuestos. El año más difícil de su vida, con la muerte de su madre y la deuda contraída, se había convertido en una debacle financiera total que pasaba de un año a otro y parecía que nunca podía salir adelante.

Empezaba a tener más clara la idea de que el estilo de vida nómada de Carolyn no se trataba tanto de ser libre, sino de huir. Resultó que se mudaba tantas veces porque no podía pasar un control de crédito para alquilar un piso. Intercambiaba su trabajo con sitios web por cosas que necesitaba porque el Servicio de Rentas Internas le embargaría el salario que ganara con cualquier empleo en una empresa. ¿Cuál era el resultado? Carolyn sufría insomnio a menudo cuando pensaba en la deuda. Sin trabajo ni seguro de salud, había acabado en la sala de urgencias en varias ocasiones, lo cual aumentaba todavía más su deuda.

—Lo de ser nómada es sólo algo que digo –me confesó–. Supongo que parece algo feliz, llevadero y, ya sabes, más fácil. Porque la verdad apesta. No tengo ni idea de lo que cenaré esta noche. Por lo general, puedo buscar la manera de intercambiar algo o sencillamente paso sin cenar una noche, pero todo resulta tan patético. Mi madre se enfadaría mucho conmigo si me viera viviendo así. No es lo que ella quería para mí. Ojalá tuviera algo estable, un lugar donde vivir o un trabajo. Ya sabes, una vida normal.

No tenía ni idea de que estuviera cargando con todo eso. Técnicamente no era una «indigente», ya que hasta el momento siempre había encontrado algún lugar donde alojarse. Sin embargo, una vez tuvo que dejar la casa de un «amigo» que pensó que si le dejaba pasar la noche se acostaría con él. Carolyn tenía muchos recursos pero también se sentía agotada por su estilo de vida.

Cuando terminamos nuestra primera sesión, hablamos de la herramienta de acceder al cuerpo, muy práctica para alguien que estaba soportando tanto como ella. Después, añadí desde una postura puramente estratégica, que parecía que Carolyn tenía que emprender dos grandes acciones antes de nuestra siguiente sesión. Primero, tenía que aprender más acerca de las opciones disponibles para alguien en su situación. En segundo lugar, debía pensar en cómo crearse una estabilidad.

—Has dicho que querías un sitio donde vivir y un trabajo fijo –le dije–. Entonces, empieza a pensar en tus opciones. ¿Cuál es el camino más fácil?

Cuando terminamos la llamada aquel día, parecía que Carolyn estaba mejor.

—Me siento un poco mejor –dijo–, es como si tuviera el inicio de un plan. Voy a ir a la biblioteca y empezar a buscar trabajo tan pronto como colguemos.

El poder de qué historia escogemos era evidente. Carolyn se dio cuenta de que la historia «Tengo el inicio de un plan» le hacía sentir más esperanza y optimismo.

En las siguientes semanas de orientación, enseguida se hizo evidente que la rutina del miedo de Carolyn acarreaba el autosabotaje, y era una Saboteadora clásica. Incluso antes de que su madre cayera enferma, había luchado para escoger una especialidad en la universidad, postergando la decisión todo lo posible hasta que finalmente la escogió. Más tarde, cuando ya la había declarado, hizo una petición al Consejo Universitario para que hicieran una excepción especial que le permitiera cambiar de especialidad. Antes de cumplir los treinta años, ya había recibido tres peticiones de matrimonio, dos de la cuales había aceptado y empezado a planificar la boda antes de cancelarlas. Empezamos a hablar sobre las conductas que acompañan al autosabotaje. ¿Era consciente de ellas?

—Totalmente –respondió–. Siento que lo único que mis profesores me dijeron cuando me hacía mayor era que tendría mucho potencial si me aplicaba.

Carolyn era muchas cosas: inteligente, creativa, increíblemente resolutiva y, en muchos aspectos, tenía el tipo de coraje que el resto de nosotros admiramos. Sí, tenía problemas con el compromiso, pero básicamente era una buena persona y adorada casi universalmente, como evidenciaba la amplia red de amistades que le dejaban quedarse en su casa sin avisar con antelación. Quería cambiar, pero todavía no sabía cómo. Identificar, cuestionar y reformular su mayor historia limitante sería lo que lo cambiaría todo.

Identificar historias limitantes

Recuerda el capítulo 1 y las rutinas del Perfeccionista, el Saboteador, el Mártir y el Pesimista. En el bucle de señal, rutina y recompensa en el que subyacen todos nuestros hábitos, las historias que suponemos ciertas serán paralelas a la rutina del miedo de una persona. Si la tuya es la del Mártir, es probable que tus historias sean cosas como: «Debería asegurarme de que los demás son felices». Si es la del Perfeccionista, tus historias serán del tipo: «Tengo que trabajar más duro; ¡esto no es lo suficientemente bueno todavía!». Si tienes la del Pesimista, es probable que tus historias sean algo como: «No vale la pena intentarlo». Para los ejercicios de este capítulo, ten en cuenta la conexión entre tu rutina del miedo más dominante y las historias que tiendes a albergar.

Una Saboteadora como Carolyn buscaba historias que tuvieran que ver con auténticas posibilidades de sabotaje. Me di cuenta de que empezaba a acudir un poco tarde a nuestras llamadas telefónicas y de que a menudo no completaba todas las prácticas entre nuestras sesiones.

—Tú decides lo que esto significa –le dije cuando saqué el tema.

Después, hubo una sesión a la que llegó realmente tarde, y me hizo esperar.

—Quiero apoyarte en este cambio señalando que la falta de compromiso con un proceso es parte de la rutina del Saboteador –le dije con la intención de señalar lo que había visto sin querer reprenderla.

—Mira –me dijo de forma abrupta–, la cuestión es que me han ofrecido un trabajo. –Después, con una voz tensa y a la defensiva, añadió–: Y no lo voy a aceptar de ningún modo. Sólo quería que lo supieras.

Al principio no supe qué decir y Carolyn no me daba muchos detalles. Sin embargo, al final salieron a la luz. Una amiga suya había conseguido un ascenso recientemente en una empresa tecnológica en Seattle y le había ofrecido a Carolyn un trabajo allí. El salario superaba los cien mil dólares al año y, además, podría alojarse en un apartamento durante sesenta días mientras buscaba un alquiler en el reducido mercado de Seattle. Sin embargo, estaba claro que a Carolyn eso no le hacía feliz.

—Muy bien –dije despacio–, tratando de pensar cómo afrontar la situación.

Quería que Carolyn sintiera que le apoyaba en sus decisiones, y estaba claro que no quería ese trabajo. Al mismo tiempo, nunca había expresado que se sentía bien con la inseguridad económica en la que se encontraba y si no tenía más ofertas de trabajo con salarios de seis cifras, ¿qué iba a hacer? Finalmente, le pregunté si estaba dispuesta a poner sus opciones sobre la mesa, incluso las que no le gustaban.

—Bueno, una opción es seguir como hasta ahora –dijo. Creo que por el momento es lo mejor. Ésta es mi última semana en Oregón y después creo que voy a hablar con una prima mía de Colorado que pronto va a tener su primer hijo y ver si le parece bien que me quede en su casa para ayudarle con el bebé.

—Muy bien, ¿qué más? –le pregunté.

Carolyn hizo una larga pausa antes de contestar:

—Otra opción es aceptar este trabajo, pero en realidad no es una opción –dijo finalmente, de nuevo con tono defensivo.

—¿Por qué no? le pregunté.

—Es sólo que… sé que todo me saldrá mal –dijo–. Noté en su voz que se estaba emocionando–. Empiezas a acomodarte en una opción y tu vida se acaba.

A medida que hablábamos, me di cuenta de que ésa era la historia de Carolyn: «comprometerse con una opción significa que te estás acomodando y después ya no podrás divertirte». Por eso le había costado decidirse por una especialidad en la universidad, o por una pareja, y por ese motivo tenía problemas para aceptar ese trabajo. Para Carolyn el compromiso significaba atarse. Acumular deudas y no tener estabilidad era aterrador a su manera, pero no tanto como el compromiso. Por eso hacía tantos movimientos que le permitían avanzar dos pasos, sólo para retroceder uno.

Me puse nerviosa mientras compartía estas ideas con Carolyn. Parecía muy molesta conmigo por el inicio de la llamada, y ahora sospechaba que era porque en el fondo sabía que la retaría por su comportamiento.

—¿Qué te parece? –le pregunté después de compartir con ella lo que había percibido.

Tras un largo silencio, finalmente estuvo de acuerdo en pensar en ello. Terminamos la sesión de ese día más temprano y colgué el auricular preguntándome adónde nos llevaría nuestro trabajo juntas, o incluso si continuaría.

La historia de Carolyn de que «el compromiso significa acomodarse y después ya no vas a divertirte» la protegía de afrontar su miedo de quedarse con una cosa y aprender de verdad a quedarse con lo que había escogido. Ella creía lo suficiente en sí misma y en su capacidad como para abrir una nueva vía, pero entonces la historia del Saboteador sobre el compromiso, que a Carolyn le parecía tan obvia, aparecía de la nada.

Una vez más, estas historias son mecanismos de protección paralelos a nuestras rutinas del miedo. El Mártir usa la historia: «Tengo que asegurarme de que los demás son felices» como una forma de protección. Si siempre anda por ahí asegurándose de que los demás son felices, no tiene tiempo de vivir su propia vida, experimentar la vulnerabilidad que conlleva nombrar o perseguir lo que desea. El Pesimista usa la historia: «Parece que las cosas nunca me salen bien» como protección de su dolor ante un posible fracaso. El Perfeccionista hace lo mismo de forma diferente, usando la historia: «Tengo que trabajar más duro» y forzándose sin cesar para evitar las críticas y el riesgo de fracasar.

Como nuestras historias se basan en nuestras suposiciones y creencias acerca de quiénes somos y el modo en que funciona el mundo, pueden operar de maneras difíciles de reconocer. Al decidir sintonizar con el Crítico después de años viéndolo como un ruido de fondo, puede que ni siquiera te des cuenta de que has basado algunas de tus elecciones en historias supuestas.

Al cabo de una hora de haber finalizado nuestra sesión, recibí un correo electrónico de Carolyn que decía: «He pensado en ello y creo que tienes razón acerca de la historia que llevo a cuestas. ¿Pero ahora qué?».

Cliqué en la opción de responder y escribí: «Podemos (puedes) cambiar la historia».

Traer historias a tu conciencia y reformularlas para ver tu vida de forma diferente es un acto fortalecedor. Si avanzas por una pista forestal y ves algo enroscado en el camino que tienes por delante, resulta útil que tu cuerpo responda de inmediato para ver que podría tratarse de algo peligroso.

En lugar de no seguir por ese camino y permanecer aterrado, asegúrate de saber si lo que está enroscado delante de ti es una serpiente o una cuerda. Así es cómo se sale de una historia limitante basada en viejas rutinas del miedo.

Identificar tus historias

Profundizaremos ahora en destapar algunas de tus propias historias. Para este ejercicio, usa un cuaderno o una hoja de papel para responder las preguntas que siguen a continuación. Si lo prefieres, también puedes descargar la hoja de trabajo «Identificar tus Historias» en www.yourcourageouslife.com/courage-habit.

1. Primero, piensa en un aspecto de tu Enfoque Primario o de entrar en tu yo más valeroso en el que te hayas sentido un poco estancado. Podría ser sentir que careces de recursos, una sensación de confusión o dificultades con el Crítico Interior. Intenta verte en ese lugar de estancamiento sólo por un momento. Ahora, finaliza las siguientes frases:

> Me siento frustrado porque...
> Ojalá _____ dejara de....
> Esto me resulta tan difícil porque...
> Después, detente. Respira. Recuerda acceder al cuerpo.

2. ¿Qué dice el crítico acerca de tus progresos? Anótalo.

> Mi Crítico dice que *debería* ser...
> Mi Crítico dice que *no debería* ser...

3. Para desenredar las historias que estás contándote a ti mismo, finaliza estas frases:
Con mi Enfoque Primario, siento que necesito hacer/ser más...
Con mi yo más valeroso, siento que no puedo...
Con mi Enfoque Primario, nunca tengo suficiente _____ ni me siento lo bastante _____.
Para cambiar mi vida, no sé....

4. Cuando se trata de mis grandes sueños o de vivir plenamente como mi yo más valeroso, creo que...

Después de completar el ejercicio, revisa tus respuestas y elabora una lista de todas las historias posibles que puedas identificar. Quizás una parte de ti se rebele mientras la escribes. Tal vez se exalte y diga: «¡No! ¡Espera! Tú no crees que eso sea cierto. Eres más poderoso que todo eso; no lo escribas». Si bien es fantástico que esta parte de ti más valerosa aparezca y se dé a conocer, el valor de este ejercicio es concentrarse en las historias que te retienen. Para replantear historias limitantes, empieza por anotar exactamente cómo suena la Historia en tu cabeza cuando estás en una rutina del miedo. No te corrijas antes de explorar completamente las historias que se manifiestan; es probable que la misma historia aparezca una y otra vez.

Historias de limitación habituales

Como parte del proceso de descubrir historias, suelo pedir a mis clientes que presten atención a tres de las áreas más habituales en que las personas albergan historias de limitación. Si examinas la lista que hiciste en el ejercicio anterior, es probable que encuentres que tienes historias relacionadas con una de las tres categorías siguientes:

Historias de cómo nos educaron. Ésta es la historia del pasado: los padres que sentían más interés por sus adicciones que por la educación de sus hijos, los profesores que te decían que no llegarías a ninguna parte y la cultura que te incitó a callarte y no decir lo que pensabas.

Historias sobre circunstancias. Son historias sobre circunstancias externas duras que limitan el progreso, como no tener suficiente tiempo, dinero o apoyo para tus ideas. Pensar que estás «demasiado ocupado» y que ya te dedicarás a ello más tarde es otra historia de circunstancias.

Historias sobre lo que es posible. Son historias sobre una carencia inherente e inalterable de capacidad, o una suposición de que las cosas saldrán mal de manera inevitable antes de que algo indique que será así. «No soy lo suficientemente inteligente ni talentoso. Ya lo ha hecho otra persona, así que no debería molestarme en ello. De todos modos, nunca terminaría. A nadie le importa excepto a mí. Soy demasiado joven/mayor. Mi momento ha pasado».

Revisa tu lista del ejercicio «Identificar tus historias» y dibuja un asterisco junto a cualquiera de las que entre en una de estas categorías. Estos tipos de historias se encuentran entre las más poderosas para dominar nuestras ideas acerca de lo posible que es realmente el cambio. Provienen de experiencias pasadas reales y dolorosas que no quiero que niegues, evites ni pases por alto. Los padres abusan de los hijos, la discriminación es real y causa un impacto, y la falta de tiempo y dinero no son sólo preocupaciones individuales, sino que también reflejan desigualdades sistémicas en nuestras sociedades. Aunque esos desafíos sean muy reales, la idea es ver en qué momento entran en escena las historias de limitación para poder considerarlas, entenderlas y reconocerlas para que dejen de dominar tu vida. En lugar de fingir que nunca existió un pasado doloroso o que todo en el futuro siempre será fácil, replantear historias limitantes te ayuda a corregir de forma práctica dónde te limitas y te empuja a ver lo que es posible incluso si es difícil de imaginar. Eso es lo que sucedió en el pasado, y ahora puedes expandir tus ideas sobre cómo quieres vivir en el presente.

Cuestionar las historias limitantes

Cuando destapamos nuestras historias limitantes y poco útiles, tenemos una oportunidad de escoger la próxima dirección de nuestras vidas preguntándonos: «¿Me creo de verdad esta historia?». Responder a esa pregunta puede ser increíblemente poderoso, en especial si te das cuenta de que existen abundantes pruebas que apoyan una narrativa para tu vida diferente y más positiva.

Carolyn tenía una cantidad de tiempo limitada para tomar una decisión acerca de la oferta de trabajo que le habían hecho, ya que su amiga tenía que cubrir el puesto de inmediato. Esa semana, programamos una sesión extra y examinamos en profundidad su historia, bajo la luz de su verdad. «Comprometerse con una cosa significa acomodarse y que nunca vas a divertirte». ¿Era eso cierto?

Carolyn se dio cuenta de forma razonable de que su historia no era cierta. Incluso, aunque fuera real para algunas personas, no tenía que serlo para ella. Empezamos a hablar de suposiciones. El compromiso podía significar muchas cosas, así que ¿por qué Carolyn suponía lo que el compromiso tenía que significar para ella? Si cuestionara las suposiciones que había estado haciendo acerca del significado de «compromiso» y probara ideas alternativas, podría preguntarse: «¿Qué significa el compromiso para mí? ¿Cuáles son los parámetros? ¿Cuánto tiempo tenía que durar el compromiso? ¿Qué cosas eran aceptables o no?».

—Me acabo de dar cuenta de algo –dijo Carolyn mientras hablábamos de historias sobre circunstancias de cómo nos educaron y de lo que es posible–. Mi historia está ligada a lo que es posible. Básicamente no me considero una persona comprometida. Es como si tuviera la idea en mi cabeza de que existen dos tipos de personas y yo no soy una de esas personas comprometidas. Nunca le he dado mucha importancia, porque ¿a quién le hacía daño?

—Es estupendo que te des cuenta de eso –dije–. ¿Le has hecho daño a alguien?

—Bueno, sí. A Charlie y a Wyatt –dijo Carolyn–, refiriéndose a los dos hombres con los que había aceptado casarse y con los finalmente rompió–. Ellos no sabían que estaba aceptando antes de sentirme de verdad capaz de asumir un compromiso. Además, dado que no soy feliz, en realidad, me he estado haciendo daño a mí misma echándome atrás una y otra vez. Sencillamente sigo sintiendo el impulso de correr hacia lo siguiente, pero ésa es mi rutina del miedo, no soy yo realmente.

La animé a poner cada historia, positiva o negativa, sobre aceptar ese trabajo encima de la mesa. Sí, ese trabajo cubriría sus gastos y podría saldar su deuda, pero ambas sabíamos que si lo aceptaba sin ser plenamente consciente de esa elección, sería otra cosa que empezaría y dejaría a medias. Queríamos examinar todas las historias de su lista y analizarlas minuciosamente, dándoles la vuelta y cuestionándolas.

Te animo a que hagas lo mismo: elaborar una lista exhaustiva y cuestionar en serio cada historia que pueda retenerte. Tómate ahora un tiempo para revisar la lista de historias que ya has identificado. Pregúntate: «¿Qué significado le estoy dando?» y «¿Es verdaderamente cierto?».

Como ejemplo, este capítulo ha empezado con mi propia historia de que no era atleta. La historia subyacente era que yo era básicamente incapaz de convertirme en atleta: una historia de limitación sobre lo que era posible.

«¿Qué significado le estoy dando?». «Que no soy capaz de completar un triatlón».

«¿Es esto verdaderamente cierto?». «No. Si invierto tiempo, es probable que pueda completar un triatlón».

Aquí tienes otro ejemplo: Janelle, la madre de tres niños de un capítulo anterior, tenía la historia de que «una buena madre se autosacrifica».

«¿Qué significado le estoy dando a esto?». «Que a menos que me sacrifique, soy una mala madre».

«¿Es eso verdaderamente cierto?». «No, a no ser que me lo crea. Puede definir lo que para mí significa ser una buena madre».

Aplica este mismo proceso a tu propia lista de historias. Para cada una de la lista, pregúntate: «¿Qué significado le estoy dando?» y «¿Es eso verdaderamente cierto?». Anota tus respuestas sobre la marcha y aférrate a lo que escribas, porque ahora es el momento de empezar a replantear historias limitantes.

Replantear historias limitantes

En la última sección has cuestionado algunas de tus historias limitantes y has empezado a ver cómo podrían no haber estado bajo la luz de tu verdad. A medida que te embarques en este proceso de reformular tus historias, harás una elección consciente de liberar una historia limitante y constrictiva en favor de otra más firme y expansiva. Cuando le expliqué esto a Carolyn, dijo:

—Un momento. ¿Eso son afirmaciones? Odio las afirmaciones positivas.

—¡Ah, yo también! –dije.

Si bien las afirmaciones positivas son muy comunes entre los orientadores, a mí no me entusiasman en absoluto. He perdido la cuenta de cuántas personas me han dicho que les irrita la idea de tener que recitarlas. No se trata de una aversión basada en una negatividad inherente o bloqueada. La mayor parte de nosotros hemos intentado recitar afirmaciones, con algo de persistencia, sólo para sentirnos frustrados como si nos hubiéramos estado mintiendo una y otra vez. Las afirmaciones positivas se basan en forzarte a creer algo extremadamente optimista que puede o no ser posible, e implican evitar reconocer cualquier sentimiento negativo, como el miedo. Por ejemplo, si Carolyn quería deshacerse de su deuda de la tarjeta de crédito, no pensé que la respuesta fuera decir: «¡Soy multimillonaria!» o «¡Estoy libre de deudas!» hasta quedarse sin aliento.

Mucho peor es pedir a las personas que se concentren en afirmaciones positivas cuando están lidiando con la opresión (como la discriminación basada en la raza, la orientación sexual y el género; una educación traumática o una carencia sistémica de acceso a dinero o recursos), ya que carece de empatía con el sufrimiento e impacto real de esas experiencias. Carolyn entraba en esa categoría, dadas sus carencias financieras en una sociedad que poco tiene que ofrecer como red de seguridad. Eso la hacía vulnerable para acumular deudas que siempre tendría problemas para saldar.

La cuestión es que los padecimientos a los que hemos sobrevivido quienes todavía intentamos sobrevivir son muy reales. El condicionamiento con el que creciste no está sólo en tu cabeza, ni es una cuestión de tener pensamientos positivos. Al replantear historias limitantes, no tratamos de pasar de puntillas sobre experiencias pasadas de opresión o los efectos de nuestro condicionamiento. Nuestro objetivo al explorar y desmantelar esas historias es hacer que dejen de girar de forma continua en un bucle infinito que limita nuestra vida y en el cual el dolor reaparece cuando no existe una resolución.

El verdadero objetivo es buscar lo positivo en medio de circunstancias difíciles. Las personas que eligen de manera consciente historias más positivas siguen enfrentándose a desafíos serios en la vida. Lo que encuentras cuando empiezas a reformular es que la opción de buscar continuamente una historia más positiva es parte de una estrategia de resiliencia para recuperarse de esas dificultades. Examinar tus historias para escoger de forma consciente las que son más positivas o que apoyan más tus objetivos no es una ingenuidad. Al estar dispuesto a creer que hay opciones disponibles, es más probable que las encuentres. Considera reformular las historias limitantes como un proceso de liberar creencias limitantes que pueden ser más ilusorias que reales, y buscar opciones más valerosas y satisfactorias. Reconoce lo que puede ser viejo o parte de tu pasado y dónde estás aquí y ahora, y después observa dónde puedes encontrar una dirección más útil.

Con Carolyn esto empezó tomando afirmaciones de su lista de historias, una por una, y reformulándolas. Encontró que una s sobre la deuda era: «Se trata de una gran cantidad de dinero y nunca lo pagaré». Ésta era una manera de pensar en su vida que a veces le hacía gastar dinero de forma imprudente, dada su situación económica. Una historia que racionalizaba momentos como ésos era: «Como nunca saldré adelante, será mejor que me divierta un poco». Reformuló esto con la afirmación: «Me comprometo a saldar esta deuda, incluso si lo único que me puedo permitir pagar es el mínimo mensual». No estaba declarando de forma imprudente que sería millonaria ni fingía que la deuda desaparecería de la noche a la mañana, sino su compromiso de cambiar sus circunstancias.

En lo referente a su historia de que trataba de acomodarse frente al compromiso, empezó con: «Puedo definir lo que significa el compromiso y si me estoy acomodando o no». No trataba de fingir que con chasquear los dedos ya no creía que el compromiso y el hecho de acomodarse estuvieran entrelazados. En lugar de eso, estaba reformulando en la dirección de lo que quería, empezando por reconocer que podía definir por sí sola lo que el compromiso significaría para ella.

Reformular tus historias

Para reformular una historia, empieza con lo que es verdaderamente cierto («en este momento, tengo deudas»). Después, enfócalo hacia una dirección más positiva («en este momento tengo deudas, pero estoy decidido a que eso cambie»). Lo importante es la combinación de lo que es cierto y un enfoque más positivo. Prueba a reformular algunas de las historias que has cuestionado. El proceso de cuestionamiento puede haber resultado en algunos replanteamientos potenciales. También hay una hoja de trabajo para anotarlos en www.yourcourageouslife. com/courage-habit.

El siguiente ejemplo es otra manera de pensar en replanteamientos potenciales y cómo podrías avanzar a través del proceso. Lee con atención cada replanteamiento a continuación de la historia ejemplo *No soy capaz de hacer eso.* Cada nueva afirmación es un ejemplo de cómo enfocar la historia hacia una dirección un poco más positiva.

«No soy capaz de hacer eso».

↓

«Estoy dispuesto a considerar mis opciones».

↓

«Si invierto tiempo en esto, creo que podré ser capaz».

↓

«Elijo emprender acciones con una opción».

↓

«Estoy dispuesto a ser constante emprendiendo acciones».

↓

«Estoy siendo constante en emprender acciones».

Cuando cuestioné y reformulé mi historia de que no era una atleta real, en un primer momento cambié a: «Bueno, podría intentarlo y ver qué pasa». Después, esa historia se convirtió en: «No soy rápida nadando, montando en bici ni corriendo, pero soy capaz de ser constante con mi entrenamiento». Después esa historia se convirtió en: »¡Puedo terminar un triatlón de corta distancia!». Cada historia construía la siguiente y en una dirección más positiva.

Un año después de haber hecho mi primer triatlón corto y «rápido», completé medio triatlón Ironman: dos kilómetros de natación seguidos de noventa en bicicleta y, finalmente, una carrera de veintiún. Tardé más de ocho horas en completarlo, pero el mayor trayecto fue pasar del «no puedo» al «sí puedo». Nunca podría haber pasado directamente de «No soy una atleta» a «He terminado un medio Ironman». Reconocer cada historia limitante a lo largo del camino y reformular de forma consciente cada una de ellas cuando surgía fue clave.

Ahora que ya has visto algunos ejemplos, intenta reformular algunas historias tú solo. Coge cada frase, de una en una, y reformúlala. Mantén la auténtica verdad y enfócala hacia una dirección más positiva.

Anota tres historias diferentes del ejercicio «Identificar tus historias» aquí:

1. _____

2. _____

3. _____

Ahora, trabaja sólo con una historia a la vez. Continúa repitiendo el proceso de enfocar hacia una dirección más positiva hasta que llegues a ese punto en el que sabes que ir más lejos sería una falsedad más que un replanteamiento.

Historia n.° 1: _____

Si enfoco solamente UN paso hacia una dirección más positiva, esta historia se convierte en:_____

_____

Ahora, intenta hacer avanzar de nuevo la frase anterior un solo paso más adelante hacia una dirección positiva: _____

_____

Intenta hacer avanzar la frase anterior, sólo un paso:

_____

_____

Repite estos pequeños tramos hasta que hayas llegado a una historia reformulada que puedes aceptar de verdad. Repite cada uno de estos pasos con las otras que anotaste o en cualquier momento en que percibes que las historias limitantes te bloquean.

¿Qué sucede después de haberlas reformulado? ¿Cómo conviertes estos replanteamientos en acciones que hagan tu vida cotidiana diferente? Una vez hayas reformulado una historia, empiezas a recordarte tu elección de creer algo distinto. Tú decides qué historia quieres escoger. Ser consciente de ellas y de tus replanteamientos deseados pasa a ser algo que tienes más presente cuando surgen. Estar presente en tus historias es un trabajo continuo, pero a medida que avances un pequeño paso en dirección a tu yo más valeroso te darás cuenta de que ellas cambian de forma orgánica, pequeños cambios de uno en uno.

Encajar las piezas

Carolyn tenía que tomar una gran decisión con respecto a su trabajo. Durante unas cuantas sesiones intensivas, destapamos sus historias y revisamos los pasos del Hábito del Coraje. Mediante el acceso al cuerpo, intentó percibir ese momento en el que su rutina del miedo quería entrar, animándola a escapar de su deuda y seguir como estaba sólo porque era algo familiar. Intentó percibir al Crítico que le decía que no pasaba nada por huir de un compromiso y luego la criticaba por tomar esa decisión. Por encima de todo, prestaba atención a las historias limitantes y suposiciones que había hecho acerca del compromiso y le facilitaban racionalizar el abandono.

Finalmente, decidió aceptar el trabajo. Tuvimos sesiones durante algunos meses más mientras se asentaba en Seattle. Su vida se volvió más ajetreada y se sentía más centrada, así que nuestras sesiones se hicieron discontinuas y, con el tiempo, perdimos el contacto. Entonces, al cabo de unos años, entraba a mi sesión de yoga y allí estaba Carolyn, que resultó estar de visita en mi ciudad. Nos abrazamos con emoción y después de la clase decidimos disfrutar de una cena improvisada y ponernos al día.

—¿Cómo te van las cosas? –le pregunté tratando de disimular mi gran curiosidad, porque no quería parecer entrometida.

No fue necesario animar a Carolyn; estaba feliz de ponerme al día. Había encontrado algunos baches y cambios de sentido en su camino, pero había mantenido el rumbo y finalmente saldó toda su deuda. ¡Ahora apagaba su sed por viajar con vacaciones pagadas! Admitió que a veces sentía que no podía ser tan espontánea como quería. En lugar de sentirse atrapada por ese sentimiento, intentaba cuestionar la historia de que estaba «atrapada» y después buscaba otra manera de romper sus rutinas cotidianas, como tomarse de manera espontánea un día libre «por enfermedad» y quedarse en casa haciendo lo que le apetecía.

—Noto que si rompo las reglas sólo un poco, esa parte de mí que siempre quiere saltárselas obtiene lo que necesita –confesó.

También había conocido a alguien, un hombre llamado Gregory, y llevaban saliendo poco más de un año.

La mujer que vi ante mí vivía con un tipo de libertad diferente. Lo que Carolyn había llamado «libertad» cuando la conocí parecía audaz desde fuera, pero en realidad era una vida basada en el miedo y escondiéndose para no enfrentarse a su deuda o tomar decisiones acerca de lo que quería hacer en su vida. Esta Carolyn era una persona diferente, alguien que se había enfrentado a sus miedos y había ganado libertad tomando decisiones de forma poderosa. Eso incluía escoger qué historias sobre sí misma quería creer. Su vieja historia basada en el miedo era que «comprometerse con un trabajo significaría sentirse atrapada». Su historia más expansiva se convirtió en: «Este trabajo me permite más libertad, incluso aunque también conlleve responsabilidades».

Estar dispuesto a identificar tus historias limitantes, cuestionarlas y después reformularlas es un gran cambio. Aquí es donde empiezas a ver el poder que siempre has tenido para crear lo que has querido. Cambiar viejos hábitos y maneras de pensar basados en el miedo es posible.

Avanzar

En este momento, es probable que estés viendo cómo cada parte del proceso del Hábito del Coraje proporciona un refuerzo para las otras partes. Hacer una pausa y relajarte para acceder al cuerpo es un primer paso para que puedas estar presente en las sensaciones de miedo que sientes y ser consciente de no entrar en una rutina del miedo en modo de piloto automático. A partir de aquí, escuchas a las voces de tu Crítico sin apego, lo que te da indicios acerca de los tipos de miedo que surgen. Después, ver y reformular de manera consciente esas historias te proporciona otra poderosa herramienta.

Sólo queda una parte más del proceso del Hábito del Coraje. Las investigaciones han demostrado que es uno de los pasos más influyentes para solidificar hábitos recientemente establecidos. Este paso te ayuda a practicar estas herramientas en un contexto mayor, fuera de ti mismo. También es uno de los más divertidos: se trata de contactar y crear una comunidad.

Capítulo 6

Conectar y crear una comunidad

Siguiendo mis sueños valerosos, la primera vez que dirigí un curso en línea para enseñar a las personas a practicar más el coraje en sus vidas, las cosas no fueron tan bien como esperaba. Todo empezó genial, ¡sesenta estadounidenses y de otros países se apuntaron al curso! Cuando la gente empezó a hacer sus primeras presentaciones en nuestros foros privados, me di cuenta de que por la noche me iba a la cama sin ser capaz de dormir de lo emocionada que estaba por todo lo que nos esperaba. Dirigía un curso y hacía crecer mi negocio, ¡y a la vez realizaba un trabajo que amaba y en el que creía!

Mi entusiasmo (y mi ego) se quedaron en shock cuando al cabo de una semana de curso la participación empezó a disminuir. Hacia el final de la segunda semana, sólo la mitad de los participantes compartían sus ideas sobre las lecciones en nuestro foro. En lugar de eso, me enviaban correos electrónicos privados para hablar de las lecciones, lo cual estaba bien, pero no era el grupo de discusión entusiasta y enfocado en la comunidad que pretendía haber creado.

Entonces, sucedió algo que de verdad me hizo caer en picado. Alguien me envió un correo electrónico en la tercera semana del curso para pedirme un reembolso. Supuse de inmediato que sería porque no estaba dirigiendo el curso lo suficientemente bien y el motivo era

141

mi incapacidad para crear más conexión en el grupo (fíjate en la historia «No soy lo suficientemente...»). Mi miedo y mi inseguridad se desbocaron mientras me obsesionaba con todo lo que hacía, lo que debería hacer o lo que podría haber hecho. Cuando el curso finalizó ocho semanas más tarde, mi inseguridad por la falta de participación era tan intensa que fue un alivio que el curso hubiera terminado.

Ahí estaba yo, la persona que supuestamente practicaba tanto el coraje y, si era honesta, debía reconocer que me sentía una fracasada. Los participantes parecían no haber conectado entre sí. Me asustaba dirigir otro curso. Había pedido una excedencia en mi trabajo, vivía de mis ahorros y rápidamente acumulé una deuda de mi tarjeta de crédito. En las películas siempre se recompensaba a quienes corrían riesgos, entonces, ¿por qué no funcionaba como había planeado?

Semanas después, mi amiga McCabe, una mujer que había dirigido cursos y talleres durante años, visitó San Francisco. Pasamos el día paseando por la ciudad y haciendo fotos. Más tarde, paramos a tomar té en Chinatown y me preguntó cómo me iban las cosas. Respiré hondo.

—Sigo intentando ser positiva, pero me siento como una idiota por pensar que esto de trabajar por mi cuenta funcionaría –le dije.

A pesar de lo mal que me sentía por decir eso, había una parte de mí que se sintió aliviada. «Por fin, la verdad», pensé. Le hablé de la mediocre participación y del miedo que tenía.

—Un segundo, Kate –dijo McCabe–. Vuelve a explicármelo. ¿Cuánto tiempo duró el curso y cuáles fueron las cifras de inscripciones y participación?

—El curso duró ocho semanas y al principio había sesenta personas inscritas –contesté–. Una de ellas pidió un reembolso. Alrededor de un tercio nunca llegó a participar en realidad. Algunas otras participaban un poco más al principio, pero después apenas tenía noticias de ellas. El resto principalmente me enviaba correos electrónicos para hablar de su progreso individual en el curso, en vez de conectar como grupo. No sé qué hice mal. No dejé de animar a la gente a que compartiera, pero...

—Espera –dijo McCabe con el ceño fruncido mientras hacía algunos cálculos.

Esperé, sintiendo que volvía a avergonzarme mientras pensaba cómo la falta de sueño debida a mi entusiasmo se había convertido en falta de sueño por lo mal que habían ido las cosas. Mi Crítico gritaba: «No sabes nada sobre dirigir un negocio. No tienes experiencia. Sólo has creado este curso por el capricho de perseguir tus sueños y practicar el coraje, y mira dónde has acabado».

—Así que, básicamente, ¿tuviste una tasa de reembolsos del dos por ciento? –dijo McCabe interrumpiendo mis cavilaciones ahora que había realizado unos cálculos rápidos–. Y has dicho que un tercio no participó en realidad, así que dos tercios de las personas sí participaron. alrededor de un sesenta y seis por ciento de participantes.

—Bueno –sus palabras me pillaron con la guardia baja–. Sí, es sólo que la mayoría de las personas no participaban tanto en el grupo general.

—Kate –me dijo cogiéndome del brazo para que le mirara a los ojos–. No es que esté tratando de minimizar lo que sientes, pero ¿tienes idea de lo buenos que son esos resultados? La mayoría estaba participando en algún nivel. Ya sabes, no todo el mundo participa de una manera abierta y extrovertida. Quizás lo único que necesitas es trabajar un poco para aprender cómo ayudar a que el grupo se una de forma más cohesiva. Puede que tuvieras un grupo con muchas personas introvertidas. Lo has hecho muy bien, Kate. Sólo uno de los inscritos pidió un reembolso. Quiero que sepas que es un éxito, sobre todo por ser la primera vez que haces algo así.

Tardé un minuto en digerir que mi rutina del miedo Perfeccionista había estado dirigiendo el espectáculo durante todo el tiempo, contándome historias que había creído sobre cuántas cosas más deberían haber sucedido, y yo no me había dado cuenta de ello. McCabe tenía años de experiencia como asesora personal y si alguien sabía lo que era un curso exitoso era ella.

—Pero las personas no estaban realmente interconectadas –dije luchando por armonizar esa nueva información y lo reales que parecían los sentimientos de fracaso–. ¿Cómo consigues que tus grupos hagan eso?

—Primero dime una cosa –dijo McCabe–. Estoy segura de que las lecciones de coraje que enseñas son tan importantes para cada individuo como para un grupo que está interconectado. Entonces, ¿por qué es tan importante para ti como profesora que los participantes conecten como grupo? ¿Cuál es la lección para ellos en esa conexión de grupo?

Por un momento, luché por expresar lo que interiormente sabía que era tan cierto, y luego encontré las palabras.

—Es importante conectar con otras personas que tratan de practicar el coraje por la misma razón de la que estamos hablando ahora, porque cuando pasas por un momento difícil y te sientes solo, necesitas saber que hay otras personas que lo entienden y, cuando te pasa algo maravilloso, no te sientes tan bien si lo celebras solo o con personas que en realidad no entienden lo que estás haciendo como si lo haces con alguien que sabe exactamente todo lo que has trabajado para llegar ahí.

—Por lo que me has dicho –dijo McCabe–, entiendo que las personas inscritas no recurrían a otras del grupo porque tú cubrías sus necesidades de apoyo cuando te enviaban correos electrónicos. Tú eres la persona a la que podían recurrir cuando todo les resultaba difícil o cuando celebraban algo. Así que, la próxima vez que dirijas el curso quizás hagas algo más para que conecten entre sí. Pero Kate, tú hiciste tu trabajo como profesora. Estuviste ahí para quienes estaban dispuestos a hacer el trabajo, incluso aunque no fuera como habías planeado.

¡Vaya con la profesora que necesitaba aprender sus propias lecciones! Ese día, me di cuenta de que yo misma había estado dudando a la hora de conectar, tal vez incluso del mismo modo que algunos de los participantes. Mi rutina del miedo se perpetuaba sin ser yo consciente de ello. Incluso con todo el trabajo que hice por mi cuenta para intentar ser consciente, la rutina del miedo todavía podía atraparme.

Para vivir vidas valerosas de verdad, necesitamos tener alrededor a otras personas de mentalidad similar que también estén intentando honrar los valores del coraje. ¿Por qué necesitamos esto? En primer lugar, crear comunidades en nuestras vidas nos da el apoyo que necesitamos para afrontar retos. A veces no vemos lo que está delante de nosotros y necesitamos que personas que llevan a cabo un trabajo similar nos ayuden a ver la verdad, como McCabe hizo conmigo. Por encima de todo, necesitas saber quién está en tu «comunidad valerosa» personal. A la hora de celebrar, es mucho más divertido hacerlo con personas que han pasado contigo todos los altibajos, días duros y victorias. Hablar con alguien sobre tu experiencia que de verdad «lo pille» es mucho más satisfactorio. Es muy sencillo, conectar y crear una comunidad forma parte de vivir una vida mejor.

Las investigaciones sobre la formación de los hábitos también confirman la necesidad del apoyo social. Charles Duhigg, autor de *El poder de los hábitos* (2014), escribe: «Para la mayoría de personas que transforman su vida, no existen momentos cruciales ni desastres que la alteren. Simplemente existen comunidades, a veces de tan sólo una persona más, que hacen que el cambio sea creíble». Escribe sobre un estudio de Harvard de 1994 en el que los participantes se dieron cuenta de que implicarse en un grupo social facilitaba el cambio:. «Una mujer dijo que su vida cambió cuando se apuntó a una clase de psicología y conoció a un grupo maravilloso. "Abrió la caja de Pandora –dijo la mujer a los investigadores–. No podía tolerar la situación actual por más tiempo. Había cambiado mi núcleo"».

Con el trabajo que llevas a cabo con el Hábito del Coraje se trata de tolerar más la situación actual de una vida vivida con inseguridad o dudas. Tu esencia está cambiando. Definiste tu Enfoque Primario y tu yo más valeroso, y después empezaste a redirigir viejos bucles de hábitos, embarcándote en un camino de vida totalmente nuevo. Todo lo que has hecho hasta ahora, definir tu yo más valeroso, acceder al cuerpo y escuchar sin apego para poder replantear historias limitantes, te ha preparado para este momento.

Crear comunidades valerosas que apoyen tus cambios facilitará que sean verdaderamente posibles. Para ello, empezaremos por echar un vistazo a las cualidades que fundamentan las relaciones «basadas en el coraje», y desde ahí veremos cómo las primeras tres partes del Hábito del Coraje se pueden aplicar para crear más conexiones en tu vida. También abordaremos la cuestión de cómo dejar de estar influido negativamente por las personas que no apoyan los cambios que tratas de llevar a cabo.

Crear relaciones basadas en el coraje

Cuando hablo de «conectar y crear una comunidad» como el cuarto paso del Hábito del Coraje, me refiero a identificar o crear relaciones internacionales que apoyen tus sueños audaces y deseos de cambio. Esto implica fortalecer de manera activa conexiones ya existentes, además de buscar otras nuevas que reflejen en qué punto estamos en nuestra vida. Shasta Nelson, experta en amistades y autora de *Fiendships Don't Just Happen!* (2013), escribe: «La verdad es que todos necesitamos rellenar constantemente nuestro círculo de amistades para asegurar que es significativo para quienes somos ahora».

Puede que las personas que forman nuestra comunidad valerosa no estén cerca de ti o que ni siquiera os conozcáis. No se considerarán parte de tu «comunidad» porque se reúnan formando un gran grupo. Tu comunidad personal consiste más bien en tu red de relaciones basadas en el coraje donde las personas practican de forma activa el coraje y trabajan con el miedo conectando unas con otras y ofreciendo o recibiendo apoyo.

En las relaciones basadas en el coraje no sólo interactúan unos con otros porque sea conveniente, sino que se acompañan a lo largo de todo el proceso. Si piensas en las personas con las que interactúas en un día determinado, puede que algunas de tus relaciones ya estén basadas en el coraje. Otras podrían describirse más adecuadamente como «relaciones de conveniencia». Entre éstas se incluirían miembros de la familia con los que no tienes mucha cercanía pero os veis durante las vacaciones, por ejemplo, compañeros de trabajo con los que vas a tomar algo porque salís a la misma hora de la oficina, o madres a las que invitas a casa porque vuestros hijos se llevan bien. Todo el mundo tiene relaciones de conveniencia y no son malas, pero no suelen ser en las que te puedes apoyar de verdad. Puede que las mujeres con las que hablas en el gimnasio sean buenas personas que interactúan contigo, pero no son necesariamente con quienes crearías un vínculo a través de los altibajos, días duros y victorias de la vida.

Para practicar el paso del Hábito del Coraje de conectar y crear una comunidad, primero tienes que saber con quién puedes conectar. ¿Dónde están las relaciones basadas en el coraje de tu vida que formarán tu comunidad valerosa? ¿Quién estará contigo? ¿Qué relaciones están basadas en el coraje? ¿Quién está jugando también al juego de la vida desde una postura de arriesgarse por sus sueños, dejando que emerja su yo más valeroso?

¿Quién está a tu lado?

Antes de empezar el siguiente ejercicio, tómate un momento para respirar y acceder al cuerpo. Piensa en las personas con las que interactúas de forma regular. Piensa con quién vives; con quién trabajas; en las personas que te encuentras en el supermercado, en grupos de voluntariado, en la iglesia, en el gimnasio; en miembros de la familia y en comunidades de Internet. Después pregúntate lo siguiente con sinceridad: de todas estas personas, ¿quiénes tratan también de permitir que emerja su yo más valeroso junto a ti? Sigue tu instinto. Anota los nombres de las personas que tú crees (o ves) que persiguen algo más grande en la vida. Puede que sus metas no sean espectaculares ni audaces, pero sabes que en el modo de vida que escogen hay algo intencionado, bondadoso y alentador. Anota todos los nombres que se te ocurran sin excepción.

Ahora, con esa lista de nombres, redefiniremos las cosas para ver quiénes son los jugadores estrella: las personas que honran el valor del coraje mediante su forma de ser. Pregúntate si cada integrante de tu lista practica alguna de las siguientes conductas de «conexión» que promueven el contacto y el apoyo mutuo. Los ejemplos que siguen muestran lo que sucede cuando las personas hacen conexiones en su propia vida. Cuando conectan, expresarán:

- Vulnerabilidad en vez de mantener una imagen: cuando las cosas se pongan difíciles, lo admitirán en lugar de fingir que todo es perfecto.

- **Optimismo en vez de quejarse:** si bien son humanos y puede que a veces necesiten desahogarse y quejarse, en general, esperan encontrar soluciones a los problemas en lugar de quedarse estancados enumerando todo lo que van mal.

- **Empatía en vez de consejos:** cuando hablas de algo preocupante, te ofrecen comprensión acerca de cómo te sientes en lugar de hacer sugerencias para mejorar.

- **Compasión por encima de la crítica:** no chismorrean, juzgan ni se burlan de ti o de otras personas.

- **Bondad por encima de la firmeza:** te desafiarán por tu bien de manera suave y discreta en lugar de decirte con dureza que superes tus problemas. Por ejemplo, McCabe me habló con amabilidad cuando señaló las maneras en que mis historias me tenían atrapada, pero no trató de hacerme sentir como una idiota porque no me hubiera dado cuenta antes de lo que estaba pasando.

Cuando termines este ejercicio, tendrás una lista de personas que pueden tener personalidades muy diferentes y a quienes no les interesen los mismos temas o actividades. Sin embargo, tendrán algo en común: practican el tipo de conductas de «conexión» que son esenciales para cualquier tribu o comunidad.

La mayoría de nosotros apreciamos esas conductas pero las damos por hecho sin pensar de verdad: «¡Ah, ya entiendo! Éste es el tipo de persona que necesito y con su apoyo puedo hacer grandes cambios en mi vida». Puede que en este momento no seas necesariamente alguien cercano a esas personas; no pasa nada. En este capítulo, verás maneras de empezar a crear más conexión con estos individuos. También puedes acceder a este ejercicio en la web: www.yourcorageouslife.com/courage-habit.

La primera vez que hice este ejercicio, mi propia lista de personas que practicaban el valor del coraje era dolorosamente corta. El ejercicio me hacía sentir vulnerable y la historia que apareció fue: «No atraigo a personas fantásticas porque no soy lo suficientemente buena para que quieran estar a mi alrededor». Después de identificar la Historia, la replanteé una y otra vez y acepté que podría llevarme un tiempo fortalecer relaciones ya existentes o conocer a gente nueva que compartiera mis valores.

Para fortalecer las relaciones o conocer a más gente que practicara el valor del coraje, tuve que mirarme a mí misma y asegurarme de que mis palabras se convirtieran en hechos. Si quería relaciones basadas en el coraje en las que nos apoyáramos de forma mutua, tenía que empezar a practicar las mismas conductas de «conexión» que estaba buscando. Las personas con las que practicara esas conductas serían las que formarían mi comunidad valerosa personal. Al principio esa comunidad no era grande. Si éste es tu caso, debes estar dispuesto a ver crecer esa lista en lugar de quedar atrapado en la decepción.

Independientemente de si consideras que hay un montón de gente con la que conectar o que nadie cumple los requisitos, la buena noticia es que todos los pasos del Hábito del Coraje que has estado practicando hasta ahora han pavimentado el camino para que fortalezcas tus relaciones ya existentes o crees otras nuevas. El trabajo empieza en un lugar familiar. Practica las tres primeras partes del Hábito del Coraje accediendo al cuerpo, escuchando sin apego y replanteando historias limitantes, pero esta vez añade el componente adicional de aplicar las tres primeras partes del Hábito del Coraje mientras practicas conductas de «conexión».

Por ejemplo, si quieres conocer a gente nueva y expandir tu comunidad y tienes tendencia a ser más introvertido, puede que te sientas nervioso o inseguro acerca de dónde ir para establecer nuevas relaciones. Intenta acceder al cuerpo, percibiendo dónde aparecen las sensaciones de miedo y percibe lo que tiene que decir sobre tus sentimientos de nerviosismo. Escucha sin apego al Crítico que dice que nada va a salir bien o que no eres lo suficientemente sociable. Después, replantea esas historias limitantes.

Si tu historia es «no soy una persona muy sociable», podrías probar con «aunque me sienta incómodo siendo más sociable, estoy dispuesto a sufrir un poco de incomodidad». En el momento real de intentar ser más sociable, si tu Crítico se queja del modo en que estás interactuando, pídele en silencio: «Reformula, por favor» y replantea interiormente cualquier historia de que estás haciendo algo mal. A medida que conozcas mejor a una persona nueva, practica conductas de «conexión» como ofrecer compasión en lugar de críticas o empatía en lugar de consejos.

Digamos que eres más extrovertido y tienes un montón de conexiones pero ninguna de ellas es particularmente profunda. Tal vez haya un miembro de la familia con el que has tenido conflictos a menudo y quieres que eso cambie.

Cuando interactúes con esa persona, ábrete y comparte más sobre ti mismo desde una postura vulnerable y centrada en el corazón en lugar de ceñirte a temas de conversación fáciles y superficiales. Si percibes que la persona responde con un poco de esa misma vulnerabilidad y coraje, ¡felicidades! Si no responde desde ese mismo espacio centrado en el corazón y no ves a la persona practicar otras conductas de «conexión», identifica cualquier historia limitante que surja. Puede que sea «las cosas nunca cambiarán o me siento estúpido por ser vulnerable con ella». Replantea esas historias y comprométete a encontrar otras personas interesadas en conductas de «conexión».

Todos los pasos del Hábito del Coraje apoyan tanto tu trabajo interno para ser más valeroso como el externo para crear más conexiones auténticas y basadas en el coraje.

Hacer conexiones

Mientras escribo este capítulo, soy plenamente consciente de que los lectores pueden encajar en diferentes campos. Quizás algunos sientan que tienen abundantes apoyos en su vida y, por consiguiente, las preguntas acerca de cómo conseguir más apoyo parecen casi innecesarias. Si es tu caso, ¡me encanta el hecho de que tengas grandes conexiones y un recurso en tu vida!

Otros lectores pueden sentirse más aislados en cuanto a esas conexiones buenas y sólidas. Tal vez estés asintiendo con la cabeza mientras leías mis ejemplos anteriores de «relaciones de conveniencia». Puede que siempre hayas sido más introvertido o quizá vives en una zona donde no haya muchas personas que piensen como tú porque la población no es numerosa o porque en general tienen intereses o valores totalmente diferentes.

Con independencia del campo que provengas, hay más conexiones disponibles para ti. Volvamos por un momento a tu Enfoque Primario y tus deseos para tu yo más valeroso. En cada uno de tus deseos está implícita la oportunidad de conectar o crear una comunidad más amplia. Para que algunas personas lleven su Enfoque Primario a buen término, será necesario conectar más con los demás. Por ejemplo, si tu mayor sueño es empezar un negocio, será esencial que conectes con personas que sepan de negocios y marketing, por no mencionar que necesitarás la capacidad de conectar con clientes.

Detente por un segundo y revisa tu Enfoque Primario. ¿Cómo te ayudará conectar con personas auténticas, cálidas e interesadas en crear hábitos y vidas valerosas? Podrías anotar junto a cada punto de tu Enfoque Primario el tipo de conexión que te gustaría hacer. Cuando Janelle, la madre tan ocupada de la que hablamos en capítulos anteriores, respondió a estas preguntas, se dio cuenta de que necesitaría involucrar a su marido si quería reducir sus expectativas relacionadas con su papel de madre. Cuando Taylor contestaba a estas preguntas, reparó en compañeros fotógrafos a los que admiraba y con los que quería entablar amistad, pero le daba vergüenza.

Para practicar el paso del Hábito del Coraje de conectar y crear una comunidad, necesitarás practicar de forma activa la conexión, no sólo sobre papel sino en el mundo real. Para ver cómo sería eso, te voy a pedir que escojas a una persona para practicar que tendrás en mente tanto en los ejercicios escritos como en la práctica real. Taylor escogió a un fotógrafo en concreto para practicarlos. Carolyn acabó haciendo esta tarea con el padre que había estado ausente durante mucho tiempo a lo largo de su vida.

Tómate un momento para solidificar de verdad en tu mente quién será esa persona. ¿Con quién te gustaría conectar más en tu vida cotidiana? ¿A quién te gustaría conocer mejor?

Un rápido apunte sobre la resistencia: es mayor cuando las personas se sienten más vulnerables y las relaciones son un foco de vulnerabilidad. Si sientes el impulso de saltarte este capítulo, o si de repente existe una razón para no completar estos ejercicios porque te parecen «demasiado aburridos», entonces reconoce esto como tu rutina del miedo en acción. Conectar es la herramienta que une de verdad todos los pasos del Hábito del Coraje. Sentirse raro, cursi, un poco ansioso o totalmente aterrado es sólo parte del proceso, así que ten en mente el bucle de señal, rutina y recompensa y presta atención si en este capítulo es donde empiezas a entrar en una rutina del miedo. Puede que quieras revisar tus objetivos para esta tarea y los deseos de tu yo más valeroso para recordarte por qué es tan importante mantener el rumbo.

Conectar y acceder al cuerpo

Empieza a utilizar los pasos del Hábito del Coraje con las relaciones accediendo al cuerpo como un modo de reunir información para percibir lo que es cierto o lo que dice tu Crítico sobre la persona que has escogido para practicar. Escoge un enfoque que no te presione y empieza simplemente observándote a ti mismo mientras piensas en la persona escogida, cómo te sientes y qué percibes cuando estás con ella al respirar y notar lo que surge en tu cuerpo.

Primero realiza este ejercicio de acceder al cuerpo sin ninguna intención inicial de cambiar tu conducta. Tan sólo percibes cosas. ¿Cómo es tu respiración cuando piensas en esa persona? ¿Cambia? ¿Cómo está tu cuerpo? ¿Qué hacen tus hombros o tu cuello cuando te imaginas hablando con esa persona sobre tus metas y sueños? ¿Qué sucede en tu cuerpo cuando imaginas que oyes a esa persona hablando de sus metas y sueños? ¿Te sientes cómodo manteniendo contacto visual con esa persona, o eso te intimida?

Percibe sentimientos de curiosidad, emoción, camaradería, ser visto completamente, concentración, relajación, pesadez, cansancio o ansiedad. Percíbelos sin más, anótalos en una hoja de papel y observa qué ideas surgen.

La conexión y escuchar sin apego

En un capítulo anterior, practicaste el paso del Hábito del Coraje de escuchar sin apego. Con este proceso, perseguías percibir lo que tu Crítico tenía que decir en lugar de intentar hacerle desaparecer para abordar sus miedos, inseguridades y heridas. Al escuchar lo que decía sin apego y sin tomar sus palabras como ciertas, pudiste curar al Crítico y dejar de estar atrapado en sus historias.

Haz lo mismo con la persona que has escogido para practicar mentalmente. Comprueba si tu Crítico tiene algo que decir acerca de esa persona o sobre si sería o no bueno conocerla más. Si existen miedos relacionados con crear conexiones mejores o si tu Crítico tiene alguna crítica hacia ti, sácalo a la luz. Anótalo todo y luego utiliza esas declaraciones en tu trabajo con la parte tres: replantear historias limitantes.

Tus historias sobre la conexión

Después de acceder al cuerpo y escuchar sin apego, el trabajo cambia a percibir cualquier historia interiorizada que te impida dar el paso real de conectar. Has escuchado sin apego lo que tu Crítico tenía que decir, así que ¿cuáles son las Historias con mayúsculas? ¿Cuáles son las críticas que te impiden sentirte más cercano a esa y a otras personas? ¿Cuáles son las limitaciones que tu Crítico afirma que son inherentes a ti y que te hacen sentir estúpido o aislado?

Aquí tienes algunas historias habituales que he oído en clientes y que les impiden conectar y ser auténticos respecto a sus desafíos o celebraciones:

«No quiero que los demás carguen con mis problemas».

«Me siento raro y ridículo cuando me alegro y me emociono por algo, así que normalmente me obligo a "calmarme" antes de compartir las buenas noticias con otras personas».

«Sólo van a compadecerse de mí. Odio cuando los demás se compadecen de mí».

«Me sentiré como un estúpido si ven lo caótica que es mi vida».
«Pensarán que durante todo el tiempo soy como cuando me enfado, me estreso y trato de conectar».

«No sé si me aceptarían si les dijera la verdad de quién soy o cómo me siento».

«Verán todas las formas en que he metido la pata».

«Es demasiado embarazoso abrirme y revelar más cosas de mí; sólo se oyen grillos de fondo y siento que las personas a las que me acabo de abrir no lo entienden. Estoy seguro de que no lo entenderían».

Recuerda que las historias son muy convincentes. Representan nuestras suposiciones y creencias sobre «cómo son las cosas». Cuando tenía miedo de que mi primer curso en línea no hubiera ido bien, ¿por qué esperé tanto tiempo para conectar con alguien con mis sentimientos y mi miedo? Sólo a posteriori me di cuenta de que era por las razones que acabo de enumerar. No quería que nadie pensara que era una carga, un saco de problemas o que me desesperaba todo el tiempo porque estaba expresando que me sentía destrozada en un aspecto determinado. Me daba miedo abrirme en relación a mis miedos y no escuchar nada como respuesta, o que me dijeran que debería haberlo hecho mejor. Permanecía atrapada en la imagen de tenerlo todo atado: la clásica rutina Perfeccionista.

Mi historia de que no podía abandonar la imagen de tenerlo todo atado parecía muy real. Sinceramente, no veía que estaba atrapada en ella otra vez hasta que mi amiga me lo indicó. En la misma línea, la rutina de un Mártir puede acarrear la historia de que sería egoísta hablar de sus propios problemas, y la sentiría muy real. Una persona con una rutina Pesimista podría estar convencida de que no tiene sentido conectar, y las que tienen la rutina del Saboteador es más probable que conecten, pero sabotearán el proceso escogiendo a personas que no les apoyarán. También pueden sabotear el proceso conectando pero intentando sutil o abiertamente que los demás solucionen sus problemas por ellas.

Piensa en las rutinas del miedo que has identificado mediante la lectura de este libro. ¿Cómo pueden influir en el grado en que conectas? Igual que hiciste en el capítulo anterior, es el momento de identificar y replantear esas historias limitantes. Aquí tienes algunos ejemplos:

«No quiero ser una carga para los demás con mis problemas». →«Los problemas de mi vida no son cargas y merezco que me apoyen».

«Me siento raro y ridículo cuando me alegro y me emociono por algo, así que normalmente me obligo a "calmarme" antes de compartir las buenas noticias con otras personas». → «La emoción a veces me hace sentir vulnerable, porque es muy real y auténtica. Puedo mostrar todas mis caras a los demás».

«Sólo van a compadecerse de mí. Odio cuando los demás se compadecen de mí». → «No sé si alguien va a compadecerse de mí; eso es asunto suyo. Puedo escoger a otras personas que me apoyen si percibo que alguien se está compadeciendo de mí».

«Me sentiré como un estúpido si ven lo caótica que es mi vida». → «No soy un estúpido, sencillamente me siento vulnerable. Todo el mundo tiene una vida caótica».

«Pensarán que durante todo el tiempo soy como cuando me enfado, me estreso y trato de conectar». → «Puedo hacerles saber que la persona que soy cuando me enfado no es quien soy todo el tiempo».

«No sé si me aceptarían si les contara la verdad de quién soy o cómo me siento». → «Tengo el poder de apartarme de cualquier relación en la que no se me acepte por quien soy. Sin lugar a dudas, puedo cultivar nuevas relaciones».

«Verán todas las formas en que he metido la pata». → «Si ven todas las formas en que he metido la pata, eso puede ayudarme a acercarme a esas personas».

«Es demasiado embarazoso abrirme y revelar más cosas de mí; sólo se oyen grillos de fondo y siento que las personas a las que me acabo de abrir no lo entienden. Estoy seguro de que no lo entenderían». → «Me comprometo a permanecer en una relación con una comunidad valerosa de gente que de verdad lo entiende. Vivimos en un mundo con millones de personas, así que alguien en algún lugar lo entenderá».

Anota las historias limitantes que identificaste y empieza a replantearlas. Recuerda que no es necesario que te vuelvas loco con un replanteamiento, a no ser que lo sientas como algo auténtico. Da pequeños pasos, uno detrás de otro, hacia una dirección positiva.

Es el momento de conectar

Ahora que ya has aplicado el proceso del Hábito del Coraje a las relaciones practicando con una persona, es el momento de practicar directamente la cuarta parte: conectar. ¿Por dónde empezarás?

Anteriormente, has elaborado una lista de personas que te parecían la personificación de la vulnerabilidad, la compasión, el optimismo, la bondad y la empatía. Éstas son las personas que «están de tu lado», por así decirlo, cuando se trata de vivir con coraje o perseguir lo que realmente deseas. Por lo tanto, ahora empezarás por conectar con esas personas. En vez de esperar a que sean ellas quienes den el primer paso, te ofrezcan su empatía o compasión, busca una manera de ofrecerles eso mismo. Ofrécele a un amigo empatía, optimismo, compasión, confrontación con amabilidad o un lugar seguro para su vulnerabilidad.

Podrías abrir este amable diálogo invitándole a compartir sus novedades y escucharle; o podrías hacerle saber algo que aprecias de él. Otra opción es hacerle una pregunta que compartieron conmigo Rich e Yvonne Dutra-St. John, cofundadores de la galardonada organización Challenge Day: «Si te conociera de verdad, ¿qué sabría de ti?».

Si te has dado cuenta de que tu tarea no consiste en reforzar relaciones ya existentes, sino más bien en crear relaciones nuevas, decide empezar a practicar conexiones valerosas con todas las personas que te encuentres. Tómatelo como un reto personal. Por ejemplo, pregúntale a la cajera cómo le va y mantén el contacto visual con ella. Cuando una compañera de trabajo exprese su frustración, comprueba cómo se siente.

El aislamiento es tanto una historia como una elección. Tienes las herramientas para afrontar las historias y ahora tienes las herramientas para hacer de la conexión tu elección. Crear más conexiones en tu vida es, en mi opinión, una de las tareas más audaces que llevamos a cabo.

Relaciones difíciles

Hemos hablado de las relaciones de conveniencia y de las basadas en el coraje, pero este capítulo no estaría completo sin abordar también las difíciles. Cuando hablo con clientes acerca de por qué dudan en dejarse ver totalmente por los demás mientras hacen cambios, por lo general responden algo parecido a: «Mi [marido, mujer, suegro, jefe…] nunca me apoyarían. Haría bromas sarcásticas sobre ello. Cada vez que intento hablar de mi gran sueño, me enumera todas las razones por las que no saldrá bien. Saca a relucir a todas las otras personas que lo han intentado pero han fracasado. Me dice que sea realista. Intento no dejar que esta persona me convenza, pero al cabo de un rato empiezo a sentir que tiene razón. ¿Cómo voy a mantener la motivación para hacer que esto suceda si ni siquiera consigo que las personas que hay en mi vida se pongan de mi lado?

La mayoría de mis clientes se han dado cuenta de que, cuando empezaron a ser su yo más valeroso, también se convirtieron en un espejo para todas las personas de su vida. Cuando comenzamos a hacer movimientos audaces, los otros empiezan a compararse de forma inevitable. «¿Por qué no abandono este trabajo que me está amargando la vida para desempeñar la profesión que realmente quiero como ha hecho ella? ¿Por qué no escribo el libro que sé que hay dentro de mí como lo está haciendo ella? ¿Por qué no me hago voluntario de la causa en la que creo de verdad como ha hecho ella?».

Tal vez hayas visto a alguien en tu vida hacer algo valeroso y te haya inspirado para perseguir lo que deseas. Sin embargo, a otros, puede hacerles sentir inseguros, y esos sentimientos merecen algo de compasión. Tu trabajo es tener presente esa compasión mientras te aseguras de que no apagas tu llama o te rindes en tus sueños sólo para que se sientan más a gusto. Incluso en las relaciones difíciles puedes usar el Hábito del Coraje para sortear los baches que surjan, empezando por desengancharte de lo que piensen los demás.

Desengancharse de lo que piensan los demás

Los cambios que realices para pasar a un modo de vida y ser más valeroso y auténtico probablemente conllevarán una sorprendente mezcla de respuestas positivas y negativas de las personas que forman parte de tu vida. En ocasiones, las personas de las que esperarías más apoyo lo pasarán muy mal viéndote cambiar para mejor. Como consecuencia, quienes realizan cambios valerosos han tratado de ocultarlos o restarles importancia, lo cual naturalmente no funciona. Lo que realmente queremos en la vida es una forma de ser sinceros con quienes somos y aun así conectar con los demás. ¿Qué haces cuando quieres realizar cambios y existe una posibilidad de que éstos desencadenen las críticas de otros? ¿Es la respuesta simplemente detenerse y preocuparse por lo que piense alguien?

En realidad, no. La mayoría de personas que afirman que nunca les preocupa lo que los demás piensen de ellas se esfuerzan de veras para fingir que no les importa. En el fondo, les preocupa lo que piensen los demás y el esfuerzo de pretender que no es así es tan agotador como el de fingir que no tienen miedo.

Yo propongo algo distinto. Del mismo modo en que no quieres deshacerte del miedo, tampoco quieres deshacerte de la respuesta natural humana de sentirte herido cuando alguien no te acepta. En lugar de eso, enfrentémonos al dolor, trabajemos con él y adoptemos una mentalidad que no nos haga tan proclives a buscar los halagos o la aprobación de los demás.

Pero pongámonos serios. Ser quien eres de verdad y permitir que los demás vean emerger a este nuevo yo valeroso probablemente te hará sentir incómodo y vulnerable en alguna ocasión. Si tu familia de origen tiende a ser abiertamente crítica, es difícil que te muestres tal y como eres del todo y que seas auténtico, valiente y real. Por eso vamos a examinar lo que yo llamo conductas de «ocultación» que fomentan la desconfianza en las relaciones. En definitiva, no puedes controlar lo que piensan o dicen los demás sobre la nueva dirección que está tomando tu vida, pero puedes hacer la elección consciente de mantenerte alineado con las elecciones que estás haciendo y con conductas prácticas que fomenten la verdad en lugar de ocultar la verdad sobre quién eres.

Ocultarse

Cuando se trata de ocultarse y no permitir que los demás vean completamente a tu yo más valeroso, todos caemos en algún punto del proceso. Por un lado, las personas básicamente reivindicarán la verdad de quienes son y la manera en que les gusta vivir, pero aparecerán pequeñas dosis de conductas de «ocultación» de forma sigilosa.

Puede que sientan timidez a la hora de compartir un logro, que se preocupen de forma ocasional por no ser aceptadas o que persigan un sueño llenas de dudas, enfrentándose primero a grandes batallas y a su propia resistencia. Por otro lado, las conductas de «ocultación» pueden dar la imagen de ser condescendiente y despectivo respecto a tus propios esfuerzos cuando los demás te preguntan qué andas haciendo, llevando así dos vidas diferentes en función de quién las percibe y siendo completamente incapaz de conectar cuando te estás esforzando.

Al igual que muchos otros aspectos relacionados con el modo en que superamos cada día, las conductas de «ocultación» pueden llegar a normalizarse de tal manera que no siempre somos conscientes de estar llevándolas a cabo. Aquí tienes algunos ejemplos de cómo puede ser la ocultación:

- Evitas conectar durante épocas de tristeza o frustración. Te sientes avergonzado y vulnerable durante esas épocas.

Racionalizas tu conducta diciendo: «No quiero molestar a los demás»; pero en realidad te estás ocultando.

- Notas que tratas de encajar en cualquier grupo en el que te encuentres. No expresas tus opiniones y calculas cuánto puedes revelar sobre ti mismo a los demás.

- Intentas ocultar de forma activa e intencionada cosas específicas que son parte de quien eres y que los demás no aceptarían, como un deseo creativo, estar en proceso de recuperación por abuso de sustancias, tu sexualidad o un matrimonio que está condenado al divorcio.

- Después de pasar tiempo con alguien, te preocupa haber dicho o hecho lo adecuado.

- Haces todo lo posible por evitar el conflicto en una relación, incluso no ser sincero cuando alguien te disgusta, porque no confías en que ésta sobreviva si eres sincero.

- Pasas de no tomar ni una gota de alcohol para mantener el control delante de los demás (un extremo) a usarlo, así como las drogas, para relajarte y es imposible conseguirlo sin eso (el otro extremo). En este caso, la intención y las historias detrás del consumo o no consumo, es el problema.

- No confías en que si alguien se enfada contigo te lo diga para arreglarlo juntos. Normalmente, si eso ocurre significa que la amistad no durará mucho tiempo.

- Como te da vergüenza decir la verdad, la vida que muestras en las redes sociales no concuerda con tu vida real. En tus actualizaciones de las redes apareces más feliz y satisfecho de lo que realmente estás.

- Las personas quieren conectar contigo pero tú dudas en responder porque te sientes incómodo.

En todos los ejemplos anteriores, alguien puede estar realizando el trabajo del Hábito del Coraje a nivel individual, pero si sigues ocultándote, se abonará un nuevo terreno de juego para los miedos, como el de no ser lo suficientemente bueno. «La persona que soy no se ajustará a las expectativas de los demás, así que no soy lo suficientemente bueno para ellos. Me comportaré de maneras que consideren aceptables».

Haz una pausa por un momento. Accede al cuerpo. Revisa la lista de formas de ocultarse y pregúntate: ¿Con cuál de ellas me puedo identificar?

En mi experiencia hablando de este proceso con muchas personas, el grado en el que alguien oculta su yo más valeroso a las relaciones que tiene en su vida está directamente relacionado con la frecuencia y la cantidad de veces que se ha roto la confianza. Una persona que haya tenido una experiencia extrema de este tipo, como sufrir abusos o mantener una relación dominante, tendrá más probabilidades de ocultar su yo más valeroso y preocuparse de la imagen que proyecta hacia los demás.

Esto no significa que para que alguien se quiera ocultar sea siempre necesario vivir una experiencia de falta de confianza. Ocultamos quienes somos de verdad o restamos importancia a los cambios que estamos realizando para mantener el equilibrio en las relaciones, evitar las críticas o que se burlen de nosotros, o para que nos tomen en serio (especialmente en el contexto laboral o en nuestro puesto de trabajo). Nos ocultamos porque en algún momento la vida nos ha enseñado que las respuestas de los demás pueden ser dolorosas y que mostrarnos tal cual somos tiene un precio. Puede que sepas que estás físicamente a salvo alrededor de compañeros de trabajo sarcásticos, pero no lo estás bajo el peso de sus chismorreos y su manera de perjudicarte en las reuniones. Tal vez no te preocupe que tu suegra te golpee con su bolso cuando pases por su lado, pero si eres del todo consciente de que en cualquier momento te convertirá en el blanco de sus bromas, no te sientes emocionalmente seguro cerca de ella.

En nuestra relación con nosotros mismos y con los demás podemos practicar conductas que fomenten la confianza o la desconfianza. Este último tipo emergerá como una especie de baile que tiene este aspecto:

1. Cuando tenemos problemas para confiar en nosotros mismos o en los demás, no nos sentimos seguros, por lo tanto, nos ocultamos.

2. Como nos ocultamos, resulta más difícil confiar en nosotros mismos o que los demás lo hagan.

3. Como resulta más difícil confiar en nosotros mismos o que los demás lo hagan, es probable que nos ocultemos todavía más.

A partir de aquí es una espiral. Por ejemplo, tu jefe no confía en ti, así que te controla al detalle, lo cual te molesta y provoca que no confíes en su capacidad de ser un gran jefe. Como cada una de las personas espera que sea la otra quien dé el primer paso para cambiar y ser más digno de confianza, ambas partes se encierran en la oposición y eso sólo dificulta mantener la confianza, ya que cada uno espera a que el otro tome el camino correcto. Si alguna vez has participado en ese baile, sabrás que a veces la confianza se puede dañar de tal manera que incluso cuando haces una ofrenda de paz a esa persona en cuestión, cree que sólo le estás tomando el pelo.

Entonces, ¿cómo podemos detener este baile? Como no podemos controlar a otras personas ni sus reacciones, cambiamos nuestra dinámica buscando cualquier historia que creamos que nos pueda inducir a ocultarnos. Entonces replanteamos esas historias y reemplazamos el ocultarnos por conectar.

Una vez más, no puedes controlar a otras personas ni sus reacciones, lo cual quiere decir que no puedes controlar si se alegrarán de los cambios que estás haciendo. Lo que sí puedes controlar es el impulso de modificarte a ti mismo con el fin de lograr que los demás se sientan mejor.

Piensa en cómo finges, cambias o alteras tu comportamiento alrededor de ciertas personas en tu vida. ¿Cómo cambias cuando estás con personas críticas, que no te apoyan o que son normalmente negativas? Cambiar nuestro comportamiento, reprimirnos y tomar decisiones basadas en lo que piensan los demás a menudo forma el último muro que debemos derribar mientras hacemos la transición de estar atrapados en una rutina del miedo a vivir nuestra vida más valerosa. Nuestras rutinas del miedo y nuestro Crítico interior dirigen las historias de que la crítica de otra persona será demasiado terrible de soportar, que las personas que nos quieren nos abandonarán si les contamos la verdad, o que nuestros matrimonios no pueden soportar las difíciles pero necesarias conversaciones.

Historias de «ocultación»

Tómate un tiempo para pensar en estas indicaciones con el fin de destapar cualquier historia que pueda influir en tus conductas de «ocultamiento». Yo las llamo tus historias de «ocultamiento». Anota las preguntas y las respuestas en una hoja de papel o si lo prefieres en la hoja de trabajo disponible en la página web www.yourcourageouslife.com/courag-habit.

1. Pregúntate lo siguiente, tres veces. Cada vez que contestes, haz una pausa y realiza una respiración profunda. Después de haber contestado tres veces, empieza a escribir. Asegúrate de que no te censuras, incluso aunque lo que escribas parezca no tener sentido al principio. Si en cualquier momento te sientes confundido por una respuesta, para y cierra los ojos haciendo una pausa para hacerte la pregunta de nuevo. Ésta es la pregunta: ¿Dónde me «oculto» en mi vida?

2. Termina la siguiente frase: No puedo ser yo mismo cuando estoy cerca de _____ porque…

3. Termina la siguiente frase: Si _____ sucediera, no sé si podría lidiar con ello porque…

4. Termina la siguiente frase: No caería bien a la gente si supieran _____ sobre mí porque…

5. Termina la siguiente frase: No querría que nadie supiera nada de _____ [problemas económicos, un profundo deseo de cambiar de carrera, inclinaciones sexuales, un error enorme que cometí, una elección polémica…]

6. Termina la siguiente frase: Es más probable que pretenda ser alguien que no soy cuando_____ porque…

Después de escribir tus respuestas, es el momento de simplificarlas en frases claras y concretas con el fin de romper las historias que subyacen en ellas. Por ejemplo, si para la pregunta número dos has escrito diferentes razones por las que no puedes ser tú mismo, trata de simplificar la frase de la siguiente manera: «Mi historia es que no puedo ser yo mismo cuando las cosas se complican». Si en la pregunta número cinco has escrito algo como: «No querría que nadie supiera la cantidad de deudas que tenemos», podrías reescribir la frase como: «Mi historia es que no puedo ser yo mismo si mi familia está cargada de deudas». Es necesario que pongas las frases en primera persona porque trabajar en tu propia historia sobre cuáles son los juicios que los demás hacen sobre ti te ayudará más que tratar de cambiar la opinión de otra persona.

Después de haber reescrito estas afirmaciones con la estructura «No puedo ser yo mismo…», tendrás una lista de historias que forman la base de cualquier impulso de ocultarse en lugar de conectar. Accede a tu cuerpo. ¿Cómo te sientes al revisar esa lista? ¿Qué historias parecen saltar del papel y «meterse en tus entrañas» de lo reales que parecen?

El último paso en este proceso es empezar a cuestionar cada frase como una posible historia y replantear cualquiera de ellas que se aplique a ti. Recuerda tus herramientas para replantear del capítulo anterior y que no se te pide que le des una capa de color a una situación difícil o dolorosa. Replantear tus historias implica más bien reconocer dónde estás y moverte en una dirección más positiva. Aquí tienes algunos ejemplos:

«No puedo ser yo mismo cuando estoy cerca de personas críticas». → «Puedo notar dónde siento un impulso de ocultarme cuando estoy cerca de personas críticas». → «Puedo cuestionar cuánto poder quiero dar a una crítica». → «Puedo escoger ignorar la crítica de alguien». → «Puedo responder a la crítica de alguien pidiéndole que reformule su afirmación con respeto».

«No puedo ser yo mismo si estoy cargado de deudas». → «Puedo entender mejor dónde he ligado el dinero a mi identidad». → «Puedo cuestionar quién sería sin deudas y ver cómo ser esa persona ahora». → «Puedo explicar a la gente que tengo deudas, pero que me comprometo a saldarlas». → «Puedo escoger no avergonzarme por tener deudas». → «Puedo estar orgulloso por el hecho de estar trabajando para solucionar mi problema con las deudas».

Tanto si confiamos en nuestra capacidad de soportar las críticas como si nos ocultamos desesperadamente para evitarlas, siempre nos basaremos en nuestras Historias con mayúscula. La confianza en ti mismo y la capacidad que tengas para gestionar las respuestas de los demás tiene que ver totalmente con el poder que le concedas a tus historias. Sólo tú eres el dueño de tu vida y tus elecciones, además de sentirte libre para ser completamente quien eres sin miedo a lo que hagan o digan los demás.

Rehabilitar relaciones

Ya he dicho que para dejar de ocultarnos, necesitamos identificar, cuestionar y replantear las historias que nos pueden estar incitando a ocultarnos, y empezar a practicar conductas de «conexión». Por lo tanto, no dejemos que esta tarea de arreglar relaciones difíciles se quede sólo en la teoría. No es necesario que esperes hasta la próxima vez que estés hablando con alguien que te juzgue para aplicar este trabajo.

Mientras trabajabas en los ejercicios de este capítulo, lo hacías pensando en la persona que elegiste para practicar. Completa cualquier ejercicio que no hayas terminado. En silencio, piensa en la persona y accede al cuerpo de algún modo. Después escucha lo que tiene que decir el Crítico acerca de esa persona o de tu forma de interactuar con ella. A continuación, percibe las historias que surjan y comienza de inmediato el proceso de replantearlas. Por última, identifica una conducta de «conexión» que puedas practicar con esa persona. Por ejemplo:

Practica la vulnerabilidad: Sé sincero sobre quién eres cuando interactúas con esa persona y escoge de forma intencionada esa autenticidad en tus palabras y acciones.

Optimismo: Decide que mantendrás una actitud optimista hacia el potencial que tiene esa relación para cambiar.

Empatía: Prométete que no le ofrecerás consejos.

Compasión: ¿Dónde podrías ofrecer compasión a esa persona?

Confrontación con amabilidad: Si te has estado resistiendo a marcar un límite y esta persona se lanza a criticarte, considera enfrentarla con amabilidad con una simple frase como: «He notado que esto no me hace sentir bien»; o sé amable contigo mismo: ¿es hora de que dejes de resistirte a ofrecer vulnerabilidad, compasión, optimismo o empatía hacia esa persona?

Practica tus conductas de «conexión» desde un compromiso profundo para honrar el valor del coraje en tu vida, y no desde la postura de querer que ella sea diferente ni queriendo obtener un resultado. En capítulos anteriores, has practicado cómo escuchar al Crítico interior sin apego. La idea es que independientemente de lo que él te diga, no te lo tomes como una verdad. Si tratas de mejorar una conexión ya existente en tu vida, en especial si ha sido siempre difícil, la herramienta es la misma. Aquí tienes un ejemplo: un miembro de tu familia te pregunta en qué andas ocupado últimamente y, en vez de ocultarte restándole importancia a la verdad diciendo: «Todo va bien, con mucho trabajo como siempre», decides mostrarte por completo y dices: «Estoy considerando hacer un cambio de carrera. Estoy preparado para dejar mi trabajo y creo que estoy a punto de averiguar qué será lo siguiente».

Tu familiar primero responde: «La economía está muy mal ahora para hacer cambios». A continuación, pasa directamente a la crítica: «Después de todo el dinero que te gastaste en tu máster, no me puedo creer que hagas algo tan estúpido como cambiar de carrera». Si este familiar fuera el Crítico interior, le dirías: «reformula, por favor», porque es parte de ti y tú das las órdenes en tu propio espacio mental. Pero en la vida real no puedes hacer reformular algo a una persona para cambiar su conducta. Cuando se trata de amigos o familiares que no te apoyan y son negativos o críticos, hay dos opciones. En primer lugar, puedes intentar hablar de cómo te sientes y pedir que los dos identifiquéis y practiquéis más las conductas de «conexión»; o aceptar que la persona se comportará como es y marcar límites apropiados que te protejan del impacto de su negatividad.

Cuando Janelle empezó a hablar con su marido sobre lo agobiada que estaba y le pidió ayuda, en un primer momento se sintió tan sobrepasado por la idea de asumir más responsabilidades que no se mostró abierto a escucharla. Al principio, Janelle tuvo que dejar de hacer alguna cosa por él, igual que con respecto a sus hijos para que su marido viera que había marcado un límite real a su alrededor con el fin de tener más espacio para sí misma. Eso fue suficiente para que se sentaran a tener una conversación en la que ambos hablaron de compartir responsabilidades de forma más equitativa.

Carolyn, por el contrario, casi no tenía relación con su padre y gran parte de su trabajo fue conectar y ver si él quería mantener más contacto. Tras varios intentos, él no respondió, lo cual en un primer momento le causó un profundo dolor.

Después de pasar algún tiempo trabajando con sus sentimientos hacia su padre y sufriendo por la relación que nunca tuvieron, Carolyn replanteó una vieja historia de que su vida había sido en cierto modo peor por la ausencia de su padre. Se dio cuenta de que en realidad no podía saber si su vida había sido más dura sin él, y dado su comportamiento después de que ella intentara conectar con él, tal vez había tenido una vida mejor de verdad. Éstos son sólo dos ejemplos de cómo las personas pueden llevar a cabo este trabajo de conexión.

Cuando creas que una relación puede mejorar, utiliza el proceso del Hábito del Coraje. Accede al cuerpo para respirar profundamente y mantener la concentración durante una conversación difícil. Escucha sin apego lo que diga la otra persona. Por ejemplo, si no está de acuerdo contigo o no quiere hacer las cosas a tu manera, es mejor que escuches sin apego. Entiende que al igual que los Críticos pueden menospreciar tus ideas debido a su propia inseguridad, las personas que nos quieren mucho pueden estar igual de limitadas cuando se trata de sus propios miedos e inseguridades. A veces, nos critican porque tienen miedo por nosotros. Igual que en tu trabajo con el Crítico, en lugar de evitar, complacer o atacar, trabaja con personas que estén dispuestas a crear una comunicación más respetuosa. Replantea historias limitantes sobre ti mismo o sobre cuánta conexión es posible. Incluso puedes usar el replanteamiento para responder a alguien que no te apoya. Aquí tienes sólo unos ejemplos:

«Te oigo hablar mucho de lo que podría ir mal, y yo también he pensado esas cosas. Estoy muy emocionado con esta decisión y preferiría hablar de todas las cosas que podrían salir bien».

«Cuando me dices que parezco diferente, percibo un tono que interpreto como crítico; ¿es así? Me siento bien con los cambios que estoy realizando y me gustaría pedirte tu apoyo».

«Quiero respetar tu opinión y ya la he escuchado de verdad. Sigo pensando que las decisiones que tomo son las mejores para mí».

Por último, no dejes de esforzarte por conectar en lugar de ocultarte. Olvídate de tu imagen y ábrete a ser vulnerable. Ofrece empatía antes que consejos. Dicho de otra manera: trata a las personas como te gustaría que te trataran a ti. Cuando no están dispuestas a respetar los cambios que estás realizando, puede que necesites tomar algunas decisiones valerosas.

Entre ellas se podrían incluir las siguientes:

Puedes limitar lo que hablas con ellas, siempre y cuando no signifique modificar quien eres.

Puedes limitar tu contacto con ellas en cuanto a frecuencia, o a una forma concreta de comunicación, como el correo electrónico o el teléfono en lugar de visitas en persona.

Puedes estar cerca de ellas y aun así continuar hablando sin cesar sobre la necesidad de una comunicación respetuosa.

Puede que necesites decir con respeto que ahora no te parece un buen momento para continuar la relación, pero que estás abierto a comunicarte más adelante si es respetuosa.

Puede que necesites decir con respeto que estás eligiendo salir de esa relación.

Podrías decidir que, a pesar de lo que te diga, la vas a mirar con amor y compasión.

Cuando mis clientes luchan con estas decisiones, suelen preguntarme: «¿Cómo sé qué decisión tomar?». No puedo darles una respuesta, pero les sugiero que antes de salir de una relación dejen las cosas claras. El cambio puede empezar con algo tan sencillo como: «Oye, las cosas no van bien. ¿Podemos hablar de ello?».

Si estás listo para empezar a sentirte más conectado a las personas que te rodean y a conocer gente que esté en el mismo trayecto hacia una vida más valerosa, empieza a aplicar las cuatro partes del Hábito del Coraje a tus relaciones. Accede a tu cuerpo y sé sincero sobre lo que sientes. Percibe a tu Crítico interior y las críticas de los demás, y escucha sin apego. Clarifica tus historias limitantes, sobre ellos y sobre ti, y replantéalas.

Finalmente, emprende acciones para conectar y crear una comunidad más amplia a través de la práctica de conductas que reflejan el valor del coraje.

Crear el efecto dominó

Manejar conversaciones difíciles no es sólo un escenario para aplicar el proceso del Hábito del Coraje. Janelle, la madre de tres hijos de la que hablamos en capítulos anteriores, me llamó para contarme novedades interesantes.

—Kate, ¿alguna vez has aplicado estos pasos a la crianza de los hijos? ¡Los míos los están usando!

Siguió explicándome que durante un día particularmente frustrante en el que estaba gestionando una discusión a tres bandas entre sus dos hijos mayores, se detuvo y cerró los ojos para acceder al cuerpo, y uno de ellos le preguntó qué estaba haciendo.

—Estoy accediendo al cuerpo –le dijo–. Es lo que hago cuando me siento tensa y necesito relajarme.

—Quiero intentarlo –dijo el niño.

Lo que ocurrió después la sorprendió por completo. Explicó a sus hijos que la próxima vez que tuvieran una discusión todos debían parar y acceder al cuerpo, y después escuchar lo que la otra persona decía. Así, si alguien hacía un comentario desagradable e hiriente, podrían pedirse mutuamente que usaran la herramienta «Reformula, por favor».

Cuando el hijo de Janelle le preguntó qué hacer si la otra persona seguía siendo cruel, ella se bloqueó por un momento pero entonces supo exactamente cómo explicar la idea de replantear historias limitantes a su hijo.

—A veces las personas se enfadan o actúan de manera cruel, pero podemos solucionarlo. No quiere decir que no les queramos o que ya no seamos amigos –le dijo.

Entonces me explicó que había añadido la herramienta de conectar recordándole que siempre podía jugar con otra persona, o acudir a ella si quería hablar de lo que estaba pasando.

Algunos de mis clientes han utilizado también diferentes partes del Hábito del Coraje como un apoyo para mejorar la comunicación en su matrimonio y no sólo en momentos conflictivos. Taylor, recién casada con su marido, Ben, me contó una vez que él sentía mucha curiosidad acerca del trabajo que llevábamos a cabo. Taylor le explicó cuáles eran las cuatro partes del Hábito del Coraje y empezaron a hablar de ellas aquella misma noche durante la cena. Decidieron empezar cada comida respirando y estar realmente presentes el uno con el otro. Ben tenía tendencia a distanciarse cuando estaba estresado por el trabajo, así que pactaron que, en esos días duros, trataría de conectar con Taylor contándole lo que le preocupaba, y ésta conectaría escuchándole con empatía en lugar de ofrecerle un consejo (Ben odiaba los consejos). Cuando Ben pudo confiar en que le escucharían de verdad, se abrió más y ambos se sintieron más cercanos.

Cuando una persona decide practicar el proceso del Hábito del Coraje se produce un efecto dominó. Las primeras tres partes te ayudan a realizar el trabajo interno, y conectar es el paso que aporta un ciclo completo a un estilo de vida valeroso. La mejor parte es que no es necesario trabajar para «convertir» a nadie. Tú puedes decidir cómo honrar los valores del coraje y estar dispuesto a permitir que tu yo más valeroso sea visible, y otras personas simplemente se interesan por lo que estás haciendo, ya que te ven más feliz y lleno de vida. Ellas también quieren dejar de estar limitadas por el miedo o la inseguridad y sentirán curiosidad por el proceso.

Si bien los problemas que mis clientes (en su mayoría mujeres) traen a las sesiones son muy personales, también tienen su raíz en problemas colectivos que afronta nuestra sociedad. Janelle se sentía sobrepasada como madre en parte por las expectativas que nuestra sociedad pone sobre las mujeres para que se sacrifiquen sin cesar sin aportarles mucha ayuda en el cuidado de los hijos, apoyo económico o recursos emocionales.

Carolyn, que perdió a su madre y estaba desbordada por una deuda extrema sin ser culpa suya, era como muchas personas de nuestra sociedad que no tienen una red de protección y que son extremadamente vulnerables cuando sucede lo peor. Teniendo en cuenta estos hechos, podría parecer que el trabajo individual es sólo una cura de emergencia de un problema mucho mayor que es necesario abordar.

Sin embargo, también es discutible que esta perspectiva no considere la necesidad de realizar un trabajo individual para expandir tu resiliencia y hacer un trabajo colectivo. Asimismo, necesitamos herramientas para superar nuestros propios miedos personales de un cambio a gran escala. Podemos mirar alrededor y ver las cosas que deseamos que cambien en el mundo desde lo más profundo, y aun así el Crítico seguirá estancado en una rutina Pesimista, diciendo: «El problema es demasiado grande; sé realista. Tú no puedes cambiar nada». Solamente como individuos que practican el coraje conseguiremos crear un mundo en el que todas las personas estén dispuestas a enfrentarse al miedo respondiendo a preguntas duras y emprendiendo acciones incluso cuando sientan inseguridad.

Avanzar

¡En este punto, ya has cubierto una cantidad increíble del proceso que nos ocupa! En este capítulo colocas el último paso del Hábito del Coraje en su sitio pensando de qué manera puedes integrar tu Enfoque Primario y tus deseos de cambio el resto de tu vida. Espero de veras que consideres dar solamente un paso activo más como parte del trabajo de conectar y crear una comunidad. Por favor, considera unirte a la comunidad en línea del Hábito del Coraje. Es un grupo increíble de personas comprometidas a practicar las cuatro partes del Hábito del Coraje. Para informarte de cómo puedes unirte al grupo, dirígete a www.yourcorageouslife.com/courage-habit.

Después de unirte, ten la libertad de presentarte y contarnos en qué parte del libro estás trabajando actualmente y qué estás notando. Ahí fuera hay un mundo entero de personas que desean profundamente llevar a cabo una conexión valerosa. También puedes compartir cualquier punto en el que te encuentres bloqueado, ¡estaremos encantados de ayudarte! Si compartes algo de lo que estás orgulloso, te animaremos con entusiasmo y eso nos recordará que las cosas grandes y audaces son en realidad posibles, y tú eres la prueba.

Hay una última pieza de este proceso que refleja cómo trabajo en la relación con mis clientes: tomarse el tiempo de revisar y reflexionar sobre el trabajo que has realizado y declarar su culminación en este tramo del proceso. En el siguiente capítulo, tendrás la oportunidad de identificar los últimos aspectos en los que te estás reprimiendo. También te animaré a que te centres de verdad en sentirte orgulloso de todo lo que has hecho. Respira profundamente y vamos a contar unas cuantas verdades acerca de lo magnífico que eres y lo lejos que has llegado.

Capítulo 7

Reflexionar sobre tu vida valerosa

Todo este viaje comenzó porque un día gris y lluvioso de San Francisco me desperté sintiéndome mediocre, cosa que llevaba haciendo desde hacía demasiados días. Decidí prestarle atención y preguntarme qué me había llevado hasta allí y qué podía hacer para cambiar. Echar un vistazo con sinceridad a por qué no era feliz en mi trabajo se convirtió en el catalizador de algo mucho más importante: ser sincera acerca de las decisiones basadas en el miedo que había tomado, entender y liberar mis propios límites impuestos y dejar emerger a mi yo más valeroso.

Pasar por este proceso y volver a él de manera regular a medida que surgen nuevos miedos y desafíos me capacita para apoyar a otros que están trabajando en los pasos del Hábito del Coraje. En el mundo de la orientación personal, tratamos el agotamiento, la infelicidad y otras señales basadas en el cuerpo que merece la pena escuchar. Echamos un vistazo a las rutinas que nos desvían cuando no somos conscientes del papel que juegan. No dejamos de orientarnos hacia una visión más grande determinando un Enfoque Primario, hablando de quién es ese yo más valeroso y después creando espacio para que ese yo más audaz emerja. Después, la tarea es emprender acciones hacia ese cambio y practicar los cuatro pasos del Hábito del Coraje. En definitiva, este trabajo nunca se trata solamente de un objetivo o de «lograr» el Enfoque Primario. Decidir un enfoque para el cambio es tan sólo la puerta de entrada para hacer las cosas de forma distinta, soñar a lo grande, ser creativo y avanzar para correr riesgos emocionales con el fin de crear la vida que deseas.

Lo mejor de las herramientas del Hábito del Coraje es que te guían más allá de los objetivos hacia una forma de ser más valerosa. Son los pasos que das para vivir una vida más valerosa y vital. He visto con asombro cómo algunas personas han hecho cosas que jamás pensaron que serían capaces de hacer, y todo por su propia felicidad. Han encontrado sus voces y se han enfrentado a familiares dominantes, alterando por completo el curso de viejos patrones arraigados en su familia. Han plantado cara a adicciones, lo han dejado todo y han viajado por el mundo. Se han apartado de carreras lucrativas para hacer cosas en su vida que desde fuera pueden parecer normales, pero para sus almas son extraordinarias.

Es más, he visto con estas herramientas se conseguía sobrepasar las metas individuales de una persona. Hay clientes que han aplicado el Hábito del Coraje a la educación de los hijos, al activismo y la justicia social, a la educación cooperativa, a organizaciones sin ánimo de lucro, a la creatividad y las artes y para cambiar la dinámica dentro de una empresa. Éstas son herramientas prácticas que puedes aprender, compartir y usar con los demás. Si bastantes de nosotros las ponemos en práctica, el resultado sería magnífico. Podríamos ver un mundo en el que más personas practiquen el coraje y decidan que merece la pena enfrentarse a los miedos y encontrar soluciones para nuestros desafíos colectivos.

En este capítulo te invitaré a reflexionar sobre tu proceso y completar un examen y una revisión diseñados para ayudarte a sentir verdaderamente orgulloso de todo lo que has invertido. Antes de hacer eso, es importante que te ofrezca mi apoyo respecto a una última pieza del puzle: la historia de «todavía no está lo suficientemente bien», que puede evitar que veas lo lejos que has llegado de verdad.

El crecimiento como proceso

Te vas a dar cuenta de que incluso después de hacer este trabajo, los cabos sueltos, desafíos y estancamientos de la vida seguirán aflorando. Por ejemplo, tal vez te hayas percatado de la importancia de tener un Enfoque Primario como objetivo, pero incluso esforzándote de forma regular, sigues sin terminar de conseguirlo. Esto puede hacer que surjan sentimientos de decepción, que el Crítico para que lo use como «prueba» irrefutable del motivo por el que las cosas no pueden cambiar y que sea más difícil liberar esas historias del tipo «Esto es imposible» que has estado tratando de replantear.

¿Significa esto que el proceso no ha funcionado? ¿Qué pasa con el hecho de que a pesar de tus progresos todavía hay aspectos de tu vida que están estancados? Lo que debes hacer es comprometerte a confiar en el proceso de cambio volviendo a las cuatro partes del Hábito del Coraje. Accede al cuerpo y percibe lo que sientes. Escucha al Crítico sin apego y las historias que aparecen, como: «Se supone que las cosas deberían haber avanzado más» o «Siento que todavía hay algo estancado en mi vida y no debería ser así». Conecta con los demás para que te recuerden que incluso si la vida presenta desafíos, sigue teniendo muchas cosas buenas y que lo que has invertido en tu viaje ha merecido la pena.

Confiar en el proceso quiere decir que te concederás algo de espacio para ser una persona imperfecta que vive una vida imperfecta (como hacemos todos) y reconocer que el poder para ser feliz lo tienes tú. Aún puedes ser feliz aunque no lo hayas hecho todo a la perfección o haya cosas que te gustaría cambiar, y aunque no hayas progresado tanto como esperabas a estas alturas. Estamos tan condicionados por los medios y por la imagen de «vida feliz» retratada por Hollywood en la que las cosas se solucionan con facilidad, que no siempre sabemos cómo es una vida auténticamente feliz.

Esa vida también contiene momentos caóticos, incompletos y en ocasiones estancamiento, así como momentos hermosos en los que sigues la llamada de tu alma y decides que no permanecerás ni un minuto más en la situación actual ¡e incluso puede que veas realizados tus sueños! Una vida feliz y valerosa no es una ecuación de esto o lo otro. Lo que es caótico, incompleto o está estancado es un reflejo del proceso de crecimiento en el que estamos y que continuará.

Del mismo modo que tenemos que desengancharnos de la mentira de «intrepidez por siempre», tenemos que hacerlo de la mentira de que el crecimiento sólo sucede cuando has logrado un resultado (y por consiguiente, tienes una vida «perfecta»). El crecimiento se debe situar en su contexto adecuado: es una propuesta a largo plazo y algunas veces crecerás más y otras menos. Puedo prometerte que todas las personas que aparecen en este libro tienen vidas mejores que las que tenían antes de empezar a perseguir los objetivos de su Enfoque Primario o de practicar los pasos del Hábito del Coraje. Sin embargo, ninguna de ellas tiene una vida perfecta y sin conflictos.

Desde que cambié aspectos de mi propia vida, me he sentido increíblemente afortunada por haber creado una vida en la que me siento yo. Al mismo tiempo, siguen apareciendo retos: me han diagnosticado una enfermedad autoinmune, he tenido desafíos económicos que parecían insuperables en aquel momento, he llorado la muerte de muchos amigos…

He recurrido al proceso del Hábito del Coraje para salir adelante una y otra vez. Junto a las dificultades que he experimentado, y debido a que he mantenido mi compromiso con los pasos del Hábito del Coraje, también he superado esas difíciles circunstancias y he creado muchas cosas buenas. Me casé con un hombre que es también mi mejor amigo, llegué a ser la jefa ejecutiva de mi empresa, di a luz a nuestra hija después de que los médicos me dieran un diagnóstico de infertilidad bastante nefasto y de que todos los tratamientos de fertilidad fallaran, conocí a mujeres que no sólo son amigas sino hermanas, contribuí con mi trabajo con los medios de noticias nacionales y llegué a tener una seguridad financiera y soberanía sobre mi tiempo que me parecían imposibles antes de empezar a usar las herramientas del Hábito del Coraje. Eso es un ejemplo de cómo funciona el juego: siguen apareciendo desafíos pero, al enfrentar las dificultades con este proceso, sigues siendo capaz de vivir desde la postura de tu yo más valeroso.

Confiar en el proceso y poner el crecimiento en contexto es uno de los secretos para llevar una vida más feliz. Clarificar y después desengancharte de tus propias historias sobre dónde deberías estar y permitirte estar donde estás y confiar en el proceso en el que te encuentras, te saca de la agotadora lucha de ser mejor. En lugar de eso, sientes el alivio de simplemente estar donde estás y te sientes orgulloso de lo que has hecho.

Si crees que puede haber más historias de «Debería haber progresado más, o Me siento bloqueado por _____ y eso significa que no me he vuelto más valeroso de verdad», tómate un tiempo para desenredar esas historias ahora. Anótalas en una hoja de papel, utiliza el mismo proceso que usaste en el capítulo 5 para cuestionar esas historias y después replantéalas para confiar en tu proceso.

Si te cuesta cuestionarlas y replantearlas, simplemente piensa en cómo te sentías cuando empezaste este viaje al leer las primeras páginas de este libro. ¿Cómo manejabas el miedo entonces? ¿Qué lugar ocupaban en tu vida tus sueños más profundos? ¿Sentías que tenían rienda suelta para emerger?

¿Qué ha cambiado desde entonces? Date cuenta de que no te he preguntado qué era perfecto, si tienes tu vida del todo controlada o si has logrado tu Enfoque Primario. Es fantástico si estas cosas han sucedido, pero darte cuenta de lo que ha cambiado y estar presente en el modo en que creces y cambias es suficiente. De hecho, es lo más importante. Así es como honras el valor del coraje y vives tu vida valerosa.

Incluso después de todos estos años de práctica, cada vez que me adentro en un nuevo espacio, sé que volveré a sentir algún grado de miedo o inseguridad. No considero un fracaso sentir todavía esas cosas. En lugar de eso, recuerdo que esas señales del miedo no desaparecerán porque no es así como funciona la vida. Más bien examino mis rutinas. También puedo tomarme el miedo y la inseguridad como una señal de que algo me importa enormemente. En vez de responder al miedo de la antigua manera habitual, siento curiosidad y ¡el miedo a veces se convierte en emoción! Sé que si estoy dispuesta a entrar en el proceso con cada parte del Hábito del Coraje, encontraré mi camino hacia algo fantástico. La vida puede ser incluso mejor de lo que ya es. Hay mucho más esperándote mientras trabajas con estas herramientas.

Reflexión y revisión

Antes de que termine nuestro tiempo juntos, reflexionemos y revisemos tu proceso. Mientras respondes a cada pregunta, accede al cuerpo buscando ese lugar en tu interior dispuesto a celebrar lo que has hecho.

Observa si puedes conectar con ese entusiasmo que sientes en el cuerpo cuando estás orgulloso de ti mismo. Si tu Crítico hace acto de presencia para decirte que no has hecho lo suficiente como para merecer una celebración, usa «Reformula, por favor» y replantea un poco cualquier historia que te ofrezca el Crítico. Después vuelve a la celebración y esfuérzate por encontrar en tu cuerpo esas sensaciones verdaderas e inclinadas a celebrar.

Si tu trabajo con este libro ha sido reflejar un bucle de señal, rutina y recompensa, ¡esta celebración sería la máxima recompensa! Puedes celebrar el trabajo que has invertido en tu proceso. *¡Sea cual sea el tipo de trabajo que has hecho, es suficiente!* Decidir que te creerás la historia de que has hecho lo suficiente en esta lectura de *El Hábito del Coraje* forma parte del apoyo hacia tu yo más valeroso. Reconócete el mérito de lo que has conseguido en lugar de contar la historia de que deberías haber hecho más.

A algunas personas les encantará contestar estas preguntas en su cuaderno favorito o en la hoja de trabajo disponible en la página web: www.yourcourageouslife.com/courage-habit. Otras querrán hacer este ejercicio de un modo diferente.

Podrías intentar caminar y pararte para contestar una pregunta, hacer la pregunta en voz alta y despacio o hacer algo más visual: pintar, montar un collage o garabatear tus respuestas.

1. ¿Cómo manejaba el miedo al inicio de este viaje? ¿Estaba evitando a mi Crítico, complaciéndolo o atacándolo?

2. ¿Cuál era mi rutina del miedo específica? ¿Qué cosas percibí que hacía, decía, pensaba o creía como consecuencia? ¿En qué bucles de señal, rutina y recompensa estaba atrapado?

3. ¿Cuáles eran los tres Enfoques Primarios que escogí para este proceso?

4. Describe a tu yo más valeroso y la vida cotidiana que quiere vivir.

5. ¿Cómo has escogido practicar de forma regular el acceder al cuerpo? Anótalo y después escribe lo constante que eres con esta práctica. ¿Hay algún ajuste que quieras hacer respecto a tu práctica, como ser más constante? ¿Existe alguna manera adicional de acceder al cuerpo con la que quieras experimentar?

6. ¿Cómo te ha ayudado acceder al cuerpo? Percibe algunas de las perspectivas específicas que hayas obtenido. Quizás haya habido veces en las que acceder al cuerpo redujera el estrés o fuera particularmente útil para parar una rutina del miedo habitual antes de que tuviera tiempo de empezar.

7. ¿Cómo lidiabas con el Crítico antes de iniciar este trabajo? ¿Tenías tendencia a evitarlo, a apartarlo o a luchar contra él?

8. ¿Qué cambios has realizado en la relación con tu Crítico? Por ejemplo, ¿le escuchas sin apego, al menos a

veces? ¿Lo miras con más compasión viendo que está herido?

9. ¿Qué cosas en concreto te dice el Crítico en las que todavía te gustaría trabajar? Anótalas exactamente como las dice. Respira profundamente con cada frase mientras la escribes. No es necesario que trabajes con ellas ahora, a no ser que quieras usar «Reformula, por favor». Simplemente puedes celebrar el hecho de percibir al Crítico y tu disposición a realizar el trabajo en curso para cambiar su voz.

10. ¿Con qué historias limitantes has trabajado durante este proceso? Anota cuáles eran y tus replanteamientos.

11. ¿Con qué frecuencia conectabas antes de empezar este trabajo? ¿Con qué frecuencia estás practicando conductas de conexión ahora? ¿Con quién practicas (desconocidos, un miembro de la familia, tus hijos, compañeros de trabajo…)?

12. ¿Cómo ha cambiado tu Enfoque Primario a lo largo de este proceso? (puede que no lo haya hecho; ésta es sólo una oportunidad de notar si ha sucedido).

13. ¿Cómo ha cambiado tu yo más valeroso? Percibe cualquier perspectiva o reconocimiento interno, una intensificación de lo que deseas o cualquier punto en el que hayas cambiado por completo de dirección. Estos cambios son positivos. ¡Indican que estás presente en tu proceso!

14. Además de los beneficios que traerá a tu vida el honrar el valor del coraje, ¿qué otros ha aportado a la vida de los demás el que tú hayas hecho este trabajo? (dicho

de otra forma, ¿cuál es el efecto dominó que beneficia a tu familia, tu comunidad, tu lugar de trabajo o al mundo?).

Después de completar estas preguntas, haz algo que honre el proceso al que te has sometido. Podrías compartirlo, compartir estas preguntas con alguien que esté completando el Hábito del Coraje o darle a las preguntas un espacio de honor en algún lugar. Dobla el papel que contiene tus respuestas y colócalo bajo tu almohada, planta el papel en la tierra o ponlo en tu altar si tienes uno. Personalmente, me encanta meter mis respuestas en un sobre, escribir la fecha y después guardarlo.

Al cabo de un año, un aviso en mi calendario me insta a abrir el sobre y conectar con mi gratitud por haber trabajado en ello, además de ver lo lejos que he llegado.

Hacia dónde vamos a partir de aquí

Cuando trabajo con un cliente que está listo para hacer sesiones discontinuas, declaramos el cumplimiento de esta parte de nuestra relación. Ambos entendemos que el cliente siempre tendrá más formas en las que querrá crecer pero el proceso al que se ha sometido tiene un inicio, una parte central y un final, y ahora dispone de algunas herramientas para continuar el proceso de crecimiento por su cuenta. Antes de separar nuestros caminos, siempre le pido que piense en lo que quiere crear ahora desde esta posición privilegiada. ¿Qué le hace señas desde el horizonte? ¿Qué nueva aventura le espera? Eso es lo que te preguntaré mientras cerramos esta parte del proceso del Hábito del Coraje.

En primer lugar, empezaremos con una declaración y un resumen de lo que ha cambiado, de un modo sencillo. A continuación te ofrezco algunas frases como ejemplo. Elige una cosa que haya cambiado y anótala en el cuaderno que has utilizado durante el proceso de Hábito del Coraje.

Me sentía estancado creyendo _____ y ahora me doy cuenta de que _____.

He pasado de sentirme _____ a sentirme _____.

Necesitaba ayuda con _____ y ahora estoy orgulloso de hacer tomado medidas para _____.

Estaba luchando contra _____ y ahora me siento más capaz de _____.

Solía tener más miedo de _____ y ahora tengo el coraje suficiente para _____.

¿Qué te gustaría crear desde esta posición privilegiada? Eres una persona que ha emprendido un viaje de autoinvestigación y has sido capaz de no dejar de plantearte preguntas difíciles aunque te encontraras con el miedo en el camino. Pregúntate: ¿qué es lo siguiente? ¿Cuál es tu trabajo personal en curso? Piensa en las próximas doce semanas de tu vida. Si estuvieras empezando de nuevo este proceso, desde esta posición privilegiada después de haber aprendido tanto de ti mismo y de lo que eres capaz, ¿qué querrías crear? A veces, los clientes responden que simplemente les gustaría seguir puliendo el Enfoque Primario que ya habían empezado a crear, en cuyo caso su nuevo objetivo sería «Continuar mi trabajo con _____». Otras, los clientes explican que tienen una nueva visión en el horizonte y están entusiasmados por remangarse y ver qué más va a suceder. Depende sólo de ti.

Si hay algo que te venga a la mente de inmediato, anótalo ¡y el resto ya sabes! De otro modo, recurre al trabajo que hiciste en el capítulo 1 para clarificar tu yo más valeroso. Al final de ese capítulo, expresaste un Enfoque Primario con tres puntos específicos. Inevitablemente, hay algo que se quedó fuera de esa lista y tal vez ahora sea el momento de que lo tengas en cuenta. También puedes intentar revisar cada uno de los ejercicios para clarificar tu yo más valeroso de nuevo, como si fuera la primera vez que haces el proceso.

Otra manera de integrar este trabajo en tu vida es hacerlo de forma estacional. Cada año antes del día de Año Nuevo, mi marido y yo tenemos una cita en la que nos preguntamos qué queremos ser, hacer o tener durante el próximo año. Anotamos nuestros deseos para ese año, los compartimos y nos consultamos periódicamente. Yo anoto en mi calendario medidas de acción relacionadas con lo que quiero crear que se convierten en indicaciones para seguir controlándome. En los últimos años he invitado a participar a todo el mundo que estaba en línea. Envié a mis suscriptores el «Planificador de una vida valerosa» anual y gratuito, un planificador descargable que contiene las herramientas del Hábito del Coraje ligadas a indicaciones mensuales y trimestrales.

Sea cual sea el camino que elijas, tómate un tiempo ahora para anotar tus tres nuevos objetivos para tu Enfoque Primario. Honrar el valor del coraje y responder de forma diferente a viejas rutinas del miedo es el trabajo en curso, pero entiende que ahora estás mucho más equipado con las herramientas para hacer esto tú solo. ¡Puedes hacerlo!

Naturalmente, éste nunca ha sido un proceso en solitario. Espero que te unas a nosotros en nuestra comunidad del Hábito del Coraje gratuita de Facebook. Para empezar dirígete a www.yourcorageouslife.com/courage-habit. Cuando quieras conectar con otros participantes de todas las partes del mundo, puedes encontrarlos utilizando el *hashtag* #couragehabit en las redes sociales. También puedes etiquetarme en Instagram (@katecourageous) o entrar en Facebook.com/YourCourageousLife. Estaré encantada de felicitarte. ¡Deja que todos nosotros celebremos contigo el final de cada parte del proceso!

Muchas gracias por ser parte de este libro; de verdad, eres una *parte* de la escritura de este libro. Es un inmenso honor haber participado de tu proceso personal de esta modesta manera. He escrito cada palabra mientras pensaba en personas como tú, que usarás estas herramientas para crear una vida mejor para ti mismo y las personas en tu mundo. Me quito el sombrero.

Agradecimientos

Me dedico a escribir, pero cuando se trata de amor y gratitud, hay veces en que las palabras son insuficientes. La cuarta parte del proceso del Hábito del Coraje es conectar y crear una comunidad y, en verdad, si no hubiera practicado ese paso de forma regular, nunca habría llegado hasta aquí.

Ante todo, quiero expresar mi gratitud hacia todos los clientes con los que he trabajado, los lectores que visitan YourCourageousLife.com y las miles de personas con las que he interactuado en seminarios en línea, cursos, talleres, conferencias, escuchando podcasts y participando en programas. Os veo, os escucho y estoy con vosotros en vuestros momentos de miedo (¡que son totalmente normales!) y en los que elegís practicar el coraje; de veras. Este libro es para vosotros y os llevo en mi corazón.

Conocí a Kimber Simpkins, autora de *Full*, en una fiesta de cumpleaños. Le dije que estaba trabajando el coraje para enviar mi propuesta de libro. Kimber me comentó que le había encantado trabajar con el equipo de New Harbinger Publications, y me dio el nombre de una persona de contacto para que pudiera enviarle mi propuesta. Kimber, tu generosidad y tu gran corazón me han cambiado literalmente la vida para siempre.

Kimber no bromeaba cuando me dijo que el equipo de New Harbinger es magnífico. Camille Hayes, gracias por haber visto algo en mi propuesta y por el privilegio de esta experiencia que jamás olvidaré. Vicraj Gill, tu percepción y el amor y el cuidado con los que editas el trabajo de un escritor me han hecho una mejor escritora. Este libro no sería lo que es sin tu orientación: gracias. Gracias a Julie Bennett y el equipo de marketing por vuestra cálida acogida y el hacerme sentir al instante parte de vosotros. A todo el mundo en New Harbinger: sé que hacéis esto todos los días, pero…¡Madre mía! ¡Lo hemos hecho; hemos creado un libro!

Bari Tessler, autora de *The Art of Money*, no sólo me ha enseñado a practicar el coraje cuando se trata de mis finanzas, también escribió el Prólogo de este libro. No hay suficiente chocolate en el mundo para transmitir mi agradecimiento (pero, Bari, sabes que lo intentaré).

He tenido el honor de conocer a algunas personas increíbles que me han ofrecido amistad, apoyo y su gran sabiduría sobre los negocios, o que me han ayudado a cambiar mi vida a mejor. Estoy patidifusa por haberles conocido y os recomiendo encarecidamente que los busquéis en Google de inmediato. Entre ellos se encuentran Kira Sabin, Laura Simms, Rachel W. Cole, Tiffany Han, Andrea Owen, Laurie Wagner, Amy E. Smith, Vivienne MacMaster, Dr. Brené Brown, Marianne Elliott, Tara Sophia Mohr, Dyana Valentine, Cheri Huber, Jenn Lee, Michelle Ward, Nisha Moodley, Margo Brockman, Allison Tyler, Christine Mason-Miller, Kelly Rae Roberts, Lianne Raymond, Tara Gentile, McCabe Russell, Tanya Geisler, Julie Daley, Andrea Scher y Stacy DeLaRosa.

Molly Mahar de Stratejoy, gracias por esos momentos que has pasado conmigo al teléfono explicándome cómo funcionan las cosas. Las lecturas de tarot de Theresa Reed son fenomenales. Mi abogado, Robert Kelly, se merece una ovación por ser el mejor con los contratos. Después de ser madre, Holly Wick, propietaria de Athletic Soles en Petaluma, me ayudó a reconectar conmigo misma a través del deporte del triatlón y, de un modo extraño, ése fue el ímpetu que me hizo volver a tomarme en serio mi faceta de escritora. Hablando de escribir, gracias al programa de inglés en UC Davis. Gracias al doctor Robert Archambeau de Lake Forest College, que me motivó para escribir y al doctor David Boden, que hizo que me interesara por primera vez en cómo conectan las personas.

Adrianne Laconi es la magnífica jefa de operaciones de mi empresa y me mantiene firme en muchos más modos de los que cree. Mi empresa no podría haber funcionado sin ella durante estos últimos años. Un agradecimiento enorme al equipo de liderazgo del Certificado de orientación Corageous Living, formado entre otros por mujeres tan poderosas como Valerie Tookes, Lara Heacock, Liz Applegate, Paula Jenkins, Michelle Crank y Julie Houghton. Molly K. Larkin y Natalia Chouklina también se reunieron conmigo durante un tiempo. Sé que lo llamamos Programa de Preparación de Orientación Personal pero, naturalmente, seamos realistas: somos adictos al coraje. No pedimos disculpas por el hecho de que nunca tengamos suficiente. #TribeCLCC hacia la victoria!

Carl Rogers es mi compinche y Pema Chödrön es mi gurú. Carl ha fallecido y nunca he visto a Pema, pero siento que mi vida no brillaría tanto si no hubiera conocido su trabajo. Irvin Yalom, tus libros me han ayudado a comprender mejor a mis clientes y a mí misma. Charles Duhigg, tu escrito sobre la transformación de los hábitos me hizo el trabajo accesible y, entre otras cosas, ¡revolucionó la manera de poner a dormir a nuestro bebé! Por eso, cuando estés en la ciudad ¡te invito a cenar! El espíritu de Bob Rado está también tras mis palabras y hago una reverencia ante mi energética ascendencia y a mi familia que está al otro lado. Y, por supuesto, a mi familia que está viva y coleando: gracias. Una ovación para mi hermana, Vanessa Swoboda, por animarme cuando encontré un bache en el camino.

Rich e Yvonne Dutra-St.John de la organización Challenge Day me han enseñado el poder de hacer una elección diferente en un instante y lo cambiante que puede ser la vida, además de crear «amor que deja a Dios sin palabras».

Danielle LaPorte, gracias por ayudarme a hacer por fin la conexión de que puedo escribir mis propias hojas de permiso: *muchas gracias*. Te agradezco profundamente tu disposición para decir: «Pues que le den a ese diagnóstico», en un momento en el que todo el mundo me ofrecía breves consejos. Gracias por esa generosidad tuya que me ha cambiado la vida.

Valerie Tookes, somos amigas desde hace más de una década, y cuando pienso en las personas más valerosas que conozco, tú siempre estás la primera en la lista. Veo lo mucho que amas y cómo sales al ruedo una y otra vez aunque estés temblando, porque el amor y vivir plenamente merecen la pena. No pienses ni por un segundo que nos engañas al resto, porque detrás de tu exterior introvertido, eres fuerza. Gracias por ser mi hermana.

Matthew Marcel empezó como asesor de parejas, después se convirtió en mi guía personal, fue el oficiante que nos casó a mi marido y a mí y estuvo allí el día que nació mi hija. A lo largo de años de sesiones, me ha visto en mis peores momentos: enfadada, triste, destrozada y confusa. Nunca creyó que esos estados pertenecieran a quien yo era en realidad, y por eso precisamente he sido capaz de superar cualquier cosa que me causara dolor.

A Anika, mi hija: antes de que nacieras, me preguntaron en una entrevista cuáles eran mis sueños y esperanzas para ti. Contesté que no me importaba si ibas a la universidad o si lograbas algo. Lo único que de verdad quiero para ti es que vivas una vida en la que puedas confiar plenamente en ti misma y en tu bondad inherente. Ahora mismo sólo tienes tres años, así que tómate la libertad de enseñarme esto más adelante si alguna vez cambio de idea en lo referente a la universidad.

A mi marido, Andy Rado; lo eres todo para mí. Has apoyado absolutamente todos los riesgos que he querido correr. Eres mi mejor amigo, un bombón, un padre increíble y la única persona junto a la que quiero acurrucarme al final del día. La gente dice: «No podría haberlo hecho sin ti» y, en nuestro caso, nunca se ha dicho una verdad tan grande. Te escojo a ti, a mí y a nosotros, todo el día, todos los días.

Bibliografía

ASHBY, F. G.; TURNER, B. O. y HORVITZ, J. C.: «Cortical and Basal Ganglia Contributions to Habit Learning and Automaticity». *Trends in Cognitive Sciences* 14(5): 208-015, 2010. Recuperado de https://labs.psych.ucsb.edu/ashby/gregory/reprints/sdarticle. pdf.

BLACKLEDGE, J. T.: «Comparing ACT and CBT: Defusion vs. Restructuring», 10 de marzo de 2015. www.newharbinger.com/ blog/comparing-act-and-cbt-defusion-vs-restructuring.

BROWN, B.: *Daring Greatly: How the Courage to Be Vulnerable Transforms the Way We Live, Love, Parent, and Lead.* Penguin, Londres, 2015.

CHÖDRÖN, P.: *When Things Fall Apart: Heart Advice for Difficult Times.* Shambhala Publications, Colorado, 1997. (Trad. cast.: *Cuando todo se derrumba: palabras sabias para momentos difíciles.* Gaia, 2012).

CHRISTOU-CHAMPI, S.; FARROW, T.F.D. y WEBB, T.L.: «Automatic Control of Negative Emotions: Evidence That Structured Practice Increases the Efficiency of Emotion Regulation». *Cognition and Emotion* 29(2): 319-321, 2015.

CROCKER, J.; OLIVIER, M. A. y NUER, R.: «Self-Image Goals and Compassionate Goals: Costs and Benefits». *Self Identity* 8(2-3): 251-

269, 2009. Recuperado de www.ncbi.nlm.nih.gov/pmc/articles/ PMC3017354.

DUHIGG, C.: *The Power of Habit: Why We Do What We Do in Life and Business.* Random House, Nueva York, 2014. (Trad. cast.: *El poder de los hábitos: por qué hacemos lo que hacemos en la vida y en la empresa.* Books4pocket, 2015).

DUTRA-ST. JOHN, Y. y DUTRA-ST. JOHN, R.: *Be the Hero You've Been Waiting For.* Challenge Associates, Walnut Creek, California, 2009.

DZIERZAK, L.: «Factoring Fear: What Scares Us and Why». *Scientific American*, 2008. Recuperado de www.scientificamerican.com/ article/factoring-fear-what-scares.

GOLDIN, P. R. y GROSS, J. J.: «Effects of Mindfulness-Based Stress Reduction (MBSR) on Emotion Regulation in Social Anxiety Disorder». *Emotion* 10(1): 83-91, 2010.

HALLIS, L.; CAMELLI, L.; DIONNE, F. y KNÄUPER, B.: «Combining Cognitive Therapy with Acceptance and Commitment Therapy for Depression: A Manualized Group Therapy». *Journal of Psychotherapy Integration* 26(2): 186-201, 2016.

HANNAH, S. T.; SWEENEY, P. J. y LESTER, P. B.: «The Courageous Mind-Set: A Dynamic Personality System Approach to Courage». En *The Psychology of Courage: Modern Research on an Ancient Virtue*, 125-148. Editado por Pury C.L.S. y López, S.J., American Psychological Association, Washington, D.C., 2010.

HAYES, S. C.: *Get Out of Your Mind and Into Your Life: The New Acceptance and Commitment Therapy.* New Harbinger Publications, Oakland, California, 2005.

HUBER, C.: *There Is Nothing Wrong With You.* Edición revisada. Keep It Simple Books, Murphys, California, 2001.

KABAT-ZINN, J.; MASSION, A. O.; KRISTELLER, J.; PETERSON, L. G.; FLETCHER, K. E.; PBERT, L.; LENDERKING, W. R. y SANTORELLI, S. F.: «Effectiveness of a Meditation-Based Stress Reduction Program in the Treatment of Anxiety Disorders». *American Journal of Psychiatry* 149(7): 936-943, 1992.

LERNER, H.: *The Dance of Anger: A Woman's Guide to Changing the Patterns of Intimate Relationships.* William Morrow, Nueva York, 2014.

MASCARO, J. S.; DARCHER, A.; NEGI, L. T. y RAISON, C. L.: «The Neural Maediators of Kindness-Based Meditation: A Theoretical Model». *Frontiers in Psychology* 6: 109, 2015. Recuperado de htps://ncbi.nlm.nih.gov/pmc/articles/PMC4325657.

MOHR, T. S.: *Playing Big: Practical Advice for Women Who Want to Speak Up, Create, and Lead.* Avery, Nueva York, 2015.

MULLAN, B.; ALLOM, V. y MERGELSBERG, E.: «Forming a Habit in a Novel Behavior: The Role of Cues to Action and Self-Monitoring». *EHP: Bulletin of the European Health Psychology Society* 18: 686, 2016.

NELSON, S.: *Friendships Don't Just Happen.* Turner, Nashville, Tennessee, 2013.

PURY, C. L. S. y LOPEZ, S. J.: *The Psychology of Courage: Modern Research on an Ancient Virtue.* American Psychological Association, Washington, D.C., 2010.

RODRIGUEZ, T.: «Study Links "Neuroflexibility" of Ventromedial Prefrontal Cortex with Stress Resilience». *Psychiatry Advisor,* 2 de agosto de 2016. www.psychiatryadvisor.com/anxiety/positive-health-outcomes-seen-with-active-coping-strategies/article/513438.

REUELL, P.: «How the Brain Builds New Thoughts». *Harvard Gazette,* 2015. Recuperado de htpp://news.harvard.edu/gazette/story/2015/10/how-the-brain-builds-new-thoughts.

SCHILLER, D.: «Snakes in the MRI Machine: A Study of Courage». *Scientific American,* 20 de julio de 2010. www.scientificamerican.com/article/snakes-in-the-mri-machine.

SCOTT, W.; HANN, K. E. J. y MCCRACKEN, L. M.: «A Comprehensive Examination of Changes in Psychological Flexibility Following Acceptance and Commitment Therapy for Chronic Pain». *Journal of Contemporary Psychotherapy* 46: 139-148, 2016.

SWAMINATHAN, N.: «The Fear Factor: When the Brain Decides It's Time to Scram». *Scientific American*. 23 de agosto de 2007. www.scientificamerican.com/article/the-brain-fear-factor.

TESSLER, B.: *The Art of Money: A Life-Changing Guide to Financial Happiness*. Parallax Press, Berkeley, California, 2016.

UNIVERSITY COLLEGE LONDON: «How Long Dos It Take to Form a Habit?», 4 de agosto de 2009. www.ucl.ac.uk/news/news-articles/0908/09080401.

VANZANT, I.: *Yesterday I Cried: Celebrating the Lessons of Living and Loving*. Fireside, Nueva York, 2001.

YIN, H. H. y KNOWLTON, B. J.: «The Role of the Basal Ganglia in Habit Formation». *Nature Reviews Neuroscience* 7(6): 464-476, 2006.

Preguntas del lector y guía del club del libro

Los clubs del Hábito del Coraje son un modo magnífico de trabajar con el material con otras personas de mentalidad parecida de tu localidad o para llevar las ideas del Hábito del Coraje a tu lugar de trabajo. Para encontrar un grupo y personas de tu localidad que estén usando este trabajo dirígete a www.yourcourageouslife.com/courage-habit. Las siguientes preguntas pueden ayudarte a dirigir un debate.

Introducción

1. ¿Con qué parte de la historia de Kate sobre cómo había vivido de una cierta manera durante años, apartando sus miedos de cambiar sin darse cuenta, te has identificado? ¿Cómo tiendes a manejar el miedo o la inseguridad cuando aparecen? ¿Acostumbras a apartarlo, razonarlo o a decirle que desaparezca mientras te esfuerzas?

2. Kate explica que nadie es valiente y que no basta con apartar el miedo a un lado. ¿Estás de acuerdo? ¿Por qué?

3. Los hábitos comprenden una señal (como la sensación de miedo), una rutina (una respuesta a esa señal) y una recompensa

(algún tipo de relajación que proviene del hecho de entrar en rutinas conocidas y familiares). ¿En qué situaciones aparece en ti la señal del miedo?

4. ¿Odias la palabra «miedo»? ¿Prefieres llamarlo de otra forma, como inseguridad, ansiedad, nerviosismo o falta de confianza? Si es así, ¿por qué? ¿En qué medida cambia la experiencia para ti si lo llamas de otra forma?

Capítulo 1

1. Después de completar tu propio ejercicio «Día libre» y de identificar tu Enfoque Primario, compártelo con tu grupo de lectura. Percibe si sientes algún tipo de miedo por compartirlo o inseguridad por hacer los cambios necesarios para dejar entrar en tu vida a tu yo más valeroso. Comparte lo que percibes.

2. Mientras escuchas a otras personas compartir su «Día libre» o Enfoque Primario, ¿de qué maneras se manifiesta el valor del coraje en las respuestas de cada una de ellas, incluso cuando las cosas que todos deseamos son muy distintas?

3. ¿Te preocupa que tu «Día libre» o tu Enfoque Primario no sea realista o posible? ¿Por qué? Considera compartir esas preocupaciones y observa si otras personas de tu grupo pueden nombrar a alguien en concreto que conozcan o ejemplos de personas públicas o históricas que hayan hecho las cosas que te gustaría hacer. Esos ejemplos son tu prueba de que es posible.

4. Las investigaciones indican que los objetivos que benefician a los demás son más satisfactorios de perseguir y es más probable que lleguen a buen puerto. ¿Cuál es el motivo de tu Enfoque Primario? Si empezaras a vivir desde tu yo más valeroso, ¿qué impacto positivo tendría en el mundo?

Capítulo 2

1. Yasmine y Eliana, a las que conocimos en el capítulo 2, tuvieron experiencias de miedo que sucedieron de forma inesperada. Debido a que el miedo se manifestaba de una forma diferente a la esperada, no siempre se daban cuenta en el momento de que estaban bloqueadas a causa de su miedo. Comparte alguna ocasión en la que tuviste una experiencia parecida en la que sólo pudiste ver a posteriori que estabas atascado en el miedo.

2. Después de completar el ejercicio «Clarificar tus miedos», comparte tus tres mayores miedos con el grupo. Fíjate en quién más tiene tus mismos miedos.

3. Todo el mundo presenta algunas cualidades de todas las rutinas del miedo descritas en este capítulo, pero normalmente hay una que se presenta por defecto de forma más predominante que las otras. ¿Cuál es la tuya? ¿Te reconoces también en partes de otras rutinas del miedo?

Capítulo 3

1. Proporciona al resto del grupo algo de contexto de tus experiencias pasadas con cualquier tipo de trabajo basado en el cuerpo. ¿Acceder al cuerpo te parece fácil, difícil o algo intermedio? ¿Cómo te hacía sentir la idea de hacer un trabajo basado en el cuerpo antes de leer este capítulo?

2. Prueba a acceder al cuerpo con otros miembros de tu grupo. Te sugiero que primero pongáis una alarma de un minuto y que te rías con tus compañeros de forma intencionada; después vuelve a programar la alarma un minuto y baila con el grupo de forma intencionada, y luego programa la alarma en

tres minutos y, simplemente, respirad profundamente en silencio. Cuando terminéis, compartid lo que hayáis percibido.

3. ¿Hay alguna emoción fuerte con la que no te quieras encontrar? ¿Qué te preocupa del hecho de sentirla? Comparte esto con tu grupo y después pide a otros miembros que compartan cómo consiguieron salir de espacios emocionales difíciles.

Capítulo 4

1. Todo el mundo tiene un Crítico y cada uno habla diferente. Después de completar el ejercicio del capítulo 4, comparte con tu grupo cómo suena tu Crítico. Todos tus compañeros se pueden preparar para ofrecer apoyo silencioso pero real en forma de contacto visual y sosteniendo lo que llamamos en nuestros cursos «el signo del amor» (la palabra «amor» en lenguaje de signos. Para hacerla con la mano, extiende el pulgar, el índice y el meñique mientras doblas los dedos corazón y anular. Después, extiende la mano con la palma hacia fuera. Es un modo de apoyo silencioso para hacer saber a alguien que le estás escuchando cuando comparte algún asunto vulnerable.

2. ¿Dirías que eres una persona que evita, complace o ataca a las voces de su Crítico Interior?

3. Kate cuenta que cuando su orientador, Matthew, le sugirió pensar en su Crítico como su «mejor amigo con pésima capacidad de comunicación», rechazó la idea porque estaba convencida de que el Crítico podía tener buenas intenciones. Cuanto más pensaba en ello, empezó a ver cómo el Crítico, a su propia manera disfuncional, trataba de criticarla para que no corriera riesgos que pudieran resultar en fracasos. Piensa en las voces críticas que has compartido. ¿Puedes ver dónde tal

vez tu Crítico esté fanfarroneando mientras se siente profundamente inseguro?

4. Escoge una de las afirmaciones de tu Crítico y después represéntala como tu Crítico mientras otro miembro de tu grupo utiliza «Reformula, por favor» unas cuantas veces. Comparte lo que percibes. Mientras hacéis esto, la persona que está utilizando «Reformula, por favor» debería reprimirse a la hora de aconsejar o guiar y dejar que la persona que está haciendo de Crítico perciba lo que experimenta. Si estás haciendo de tu Crítico, recuerda hacer una respiración profunda después de terminar y reconectar con el grupo para salir mentalmente de la experiencia.

Capítulo 5

1. En el capítulo 5, Kate explica que pensaba que no era capaz de completar un triatlón porque «sencillamente no era una atleta». La voz que se manifestó no parecía crítica, sino más bien práctica. ¿Hay alguna cosa que hayas querido hacer alguna vez pero diste por hecho que «no eres ese tipo de persona»? ¿Das por hecho que existen personas que son más valientes por naturaleza y otras que no lo son?

2. Carolyn tenía historias que estaban influidas por su rutina del miedo (Saboteador). ¿Cuál es tu rutina del miedo? ¿Qué historias o suposiciones tienden a aparecer con esa rutina?

3. Después de completar las secciones de este capítulo «Identificar tus historias» y «Historias de limitación comunes», comparte algunas de tus historias con el grupo. Sugiero que os juntéis formando un círculo para compartir cuáles son sus historias sin comentar nada hasta que todo el mundo haya compartido las suyas. Probablemente verás que tenéis al me-

nos unas cuantas en común. Es una experiencia poderosa ver cómo todo el mundo se parece cuando se trata de hacer suposiciones acerca de cómo funciona el mundo. ¿Hay alguna historia de limitación que todos parezcan tener en común?

4. Replantear historias no es lo mismo que usar afirmaciones positivas. ¿Te gustan las afirmaciones positivas? ¿Por qué sí o por qué no? Compártelo con el grupo.

5. Si bien tendrás tus propias ideas para replantear tus historias, también puede ser interesante pedir ayuda al grupo y ver qué se les ocurre. Haced que cada uno de vosotros comparta una historia de una frase y después ofreced replanteamientos potenciales. La persona que está escuchando debería tratar de tomar lo que siente que es de ayuda y dejar el resto. Dicho de otro modo, intenta no tomártelo de manera personal si sientes que los replanteamientos sugeridos no se adaptan a ti. Esta práctica puede ser una manera fantástica de identificar cualquier historia que puedas tener sobre el apoyo en tu vida (o falta de él). ¿Recibes con los brazos abiertos las sugerencias de replanteamientos de tu grupo o las rechazas?

Capítulo 6

1. Cuando Kate dirigió su primer curso, fue crítica con ella misma y tenía miedo de cómo los demás podrían juzgarla porque los participantes no se implicaron del modo en que esperaba. McCabe, la amiga de Kate, le proporcionó una perspectiva totalmente diferente que le permitió ver cómo el miedo había estado operando sin ser consciente de ello. Kate se dio cuenta entonces de que conectar y crear una comunidad es importante para ayudarnos a reconocer cuándo se activan las rutinas del miedo. ¿Qué sistemas de apoyo y qué personas de tu vida también están involucradas en este trabajo?

2. Kate comparte las cualidades que se practican en las relaciones basadas en el coraje. Piensa en las personas con las que más interactúas. ¿Practicas algunas de estas cualidades? Si no es así, ¿por qué no? ¿Cuál es el sentimiento de limitación en esa relación? Comparte cómo has estado practicando las conductas que se manifiestan en las relaciones basadas en el coraje. Por ejemplo, a lo mejor siempre has notado que una persona escucha con atención y ofrece empatía mientras que otra se resiste diciendo «yo también».

3. En la sección de «Tus historias sobre conexión», Kate comparte muchas de las razones habituales que dan las personas para no entablar relaciones más cercanas. ¿Con cuáles de ellas te identificas? ¿Has tenido alguna relación en la que te resistías a intimar más debido a alguna de esas razones y después corriste el riesgo y salió bien?

4. Kate incluyó la sección «Relaciones difíciles» en este capítulo porque muchos de sus clientes han compartido el deseo de ser más valientes, pero tienen miedo de que no les apoyen, que se rían de ellos o les critiquen. ¿Cómo has manejado los comentarios sobre cómo has cambiado, las críticas o juicios de otras personas? Cuando lees la lista de conductas de «ocultación», ¿en cuáles te reconoces? Compártelo con el grupo. Si eres muy proclive, podrías pedir a otros que sean los compañeros para «rendir cuentas» por esas conductas de «ocultación». Preguntaos de vez en cuando para estar informados y practicar conductas basadas en el coraje en lugar de conductas de «ocultación».

5. En la sección «Crear el efecto dominó» se dan ejemplos de personas que han usado los pasos del Hábito del Coraje no sólo en su propia vida, sino también en su matrimonio, como padres o en su trabajo. ¿En qué otros dominios de tu vida serían útiles estos hábitos valerosos? ¿Qué medidas de acción

puedes tomar para empezar a practicar el Hábito del Coraje en esas áreas?

Capítulo 7

1. Es habitual que las personas quieran llegar a un punto final con el trabajo personal y no volver a encontrarse con las mismas dudas o miedos otra vez. Kate sugiere que veas tu trabajo como una parte de un proceso que sigue en curso y que confíes en él. ¿Dónde te resulta más fácil confiar en el proceso de cambio? ¿Dónde tiende a ser más difícil?

2. Como grupo, escoged entre tres y cinco preguntas de reflexión diferentes que cada uno podáis compartir con el grupo entero. Resaltad al menos un modo en el que hayáis cambiado o crecido, aunque sintáis que queda más por hacer. Después de que todos hayan compartido, el resto del grupo puede ofrecer aprobación, motivación y celebración, ¡cada cambio es digno de ello!

3. Uno de los aspectos más difíciles de trabajar en grupo es decidir cómo terminar el grupo y cómo cambiará y crecerá a partir de aquí. ¿Qué quieren hacer sus componentes para mantener el buen trabajo? Después de todo, podéis escoger un nuevo Enfoque Primario y empezar de nuevo el trabajo del Hábito del Coraje. ¿Hay algún sistema de comprobación o de control que te gustaría instaurar? Aunque no continuéis reuniendoos de forma regular, considerad buscar alguna manera, aunque sea un correo electrónico ocasional, de saludaros y reconectar.

Acerca de la autora

Kate Swoboda, también conocida como la «valerosa Kate», es la creadora de YourCorageousLife.com y directora del programa Courageous Living Coach Certification. Ha sido nombrada una de las cincuenta mejores blogueras en el campo de la salud, el estado físico y la felicidad por Greatist.com. Swoboda ha colaborado con *Enterpreneur, The Good Life* del doctor Oz, *Life, Forbes, USA Today, The Intelligent Optimist, Lifetime Moms, MindBodyGreen, Business Insider,* entre otros, y ha hablado de crear mejores hábitos y de los principios de *El Hábito del Coraje* para grupos grandes y pequeños. Aprende más sobre ello en www.yourcourageouslife.com y www.tribleclcc.com

Bari Tessler, autora del Prólogo, es asesora financiera y mentora personal. Ha guiado a miles de personas hacia nuevas relaciones, poderosas y sinceras con el dinero mediante su enfoque cariñoso y basado en el cuerpo. Tessler lidera actualmente un movimiento global de la conciencia del dinero a través del programa de un año *The Art of Money*, que fundó en 2001, y en el que combina las enseñanzas sobre el dinero para individuos, parejas y empresarios. Es la autora de *The Art of Money.*

Índice

Coleman Job

my
ConnectHondu.com

(305) 469-2440